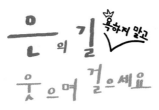

은의 길 욕하지 말고

웃으며 걸으세요

운의 길 욱하지 말고
웃으며 걸으세요

초판 1쇄 발행 2012년 6월 18일

지은이   김중섭

펴낸이   김선기
펴낸곳   (주)푸른길
출판등록   1996년 4월 12일 제16-1292호
주소   (137-060) 서울시 서초구 방배동 1001-9 우진빌딩 3층
전화   02-523-2907
팩스   02-523-2951
홈페이지   www.purungil.co.kr
이메일   pur456@kornet.net

ISBN 978-89-6291-200-5 (03980)

ⓒ 김중섭·2012·Printed in Seoul, Korea

이 도서의 국립중앙도서관 출판시도서목록(CIP)은 e-CIP홈페이지(http://nl.go.kr/ecip)에서
이용하실 수 있습니다.(CIP 제어번호 : 2012002572)

운의 길 욕하지 말고
웃으며 걸으세요

김중섭 지음

푸른길

보다 더 자주 웃으며 걸으세요

우리에게 은의 길로 알려진 Via de la Plata는 아랍어에서 유래된 이름입니다. 옛날에 모로코 사람들이 스페인을 오가며 붙인 이름이라고 해요. 아랍어로는 알발라타ﺍﻟﺒﻼﻃﺔ-Al Balata로, 포장 도로라는 뜻을 가지고 있죠. 아마 지금 고속도로가 나 있는 부분이 예전에 포장 도로라는 뜻을 가졌던 길이었던 듯하네요. 지금 걷도록 만들어진 곳은 고속도로와는 거리가 좀 됩니다. 중간중간 포장된 도로를 걸어가긴 하지만, 대부분 비포장 도로를 걷게 되죠.

은의 길은 참 매력적이었어요. 경치도 좋고, 내면과의 대화를 나누기에 참 좋은 길이었거든요. 하지만 종종 길을 잃을 땐, 당황하게 되었습니다.

'내가 길치라 그런가 보다.'

라는 생각을 하며 걸었어요.

하지만 의문이 들었습니다.

'이런 난감한 코스에서 다른 사람들은 도대체 어떻게 길을 찾는 거야?'

제가 헤맸던 곳에 대해 사람들에게 물어보면, 다른 이들 역시 길을 잃더군요. 심지어 스페인 친구는 마을을 못 찾고, 길에서 노숙을 한 적도 있다고 합니다. 우리나라로 치면 제주 올레길 같은 코스로, 안내서도 많을 텐데 말이죠.

여러 나라의 사람들이 자국어로 된 안내서를 들고 이 길을 여행합니다. 저도 다른 순례자들이 가지고 다니는 안내서를 많이 참고했죠. 하지만 많은 사람들이 길을 잃게 되는 이유는, 안내서에 전반적인 설명만 있을 뿐 꼭 필요한 정보들이 포함되지 않는다는 겁니다. 헤매기 쉬운 곳에는 '길을 잃기 쉬우니 조심하세요.'라고 쓰여 있지만, 도대체 어떻게 찾아가라는 건지 나오지 않았어요. '마을에 도착합니다.'라고 코스 설명이 되어 있어도, 마을에 도착해서 숙소를 찾아 헤매는 경우가 많죠.

그래서 이 책을 쓰게 되었습니다. 남들보다 느리게 걸으며, 제가 겪은 내용들을 정리했어요.

다음에 다시 걸을 때는 저도 이 책을 들고 가려고 합니다. 그렇다면 길에서 바른 말, 고운 말을 쓰게 될 테니까요.

이 책은 길을 걸으며 험한 말이 튀어나오는 횟수를 줄여드립니다.

Via de la Plata.

보다 더 자주 웃으며 걸으세요.

은의 길에서,
김중섭 드립니다.

차례

2

소풍 나온 강아지마냥 신났다

3

세계 정복을 꿈꾸는 미생물들

4

관상 보니 좀 걷게 생겼어, 너

프랑스

에우스카디
Euskadi

나바라
Navarra

라리오하
La Rioja

아라곤
Aragon

카탈루냐
Catalunya

스페인

카스티야라만차
illa La Mancha

발렌시아
Com. Valenciana

무르시아
Murcia

이 책에는 43일 코스를 걸으며 겪었던
에피소드와 짐 싸기, 카미노 생존 스페인어,
길 찾기 요령, 개에게 물리지 않는 법 등을
담았습니다. 은의 길로 도보 여행을 떠나는
사람들이 걷기에만 집중할 수 있도록 돕고
싶어요.

떠나기 전에

떠나기 전에

짐 싸기

배낭에 들어 있는 물건을 한 가지 줄일 때마다, 마음의 여유가 점점 늘어납니다. 저는 배낭에 필요 없는 것까지 이것저것 싸 들고 다녀서 힘들었어요. 다음에 카미노를 걸을 때는 꼭 최소한의 물품만 준비해서 갈 생각입니다. 제가 겪어 본 필수품은 다음과 같습니다.

추천하는 카미노 짐싸기

의류	방수 겸용 바람막이, 판초 우의, 보온성이 좋은 외투 한 벌(날씨가 추울 경우), 양말 세 켤레, 속옷 세 벌, 방수 및 보온 가능한 장갑, 태양 빛을 가릴 수 있는 모자(얇고 통풍이 잘 되는 것)
수납 용품	35리터 이하의 가벼운 배낭, 배낭 방수 커버, 지퍼백 몇 장
신발	가벼운 신발로 두 켤레 (빨리 마르고 발이 편한 신발), 슬리퍼 한 켤레
서류	순례자 여권, 여권, 신용카드, 현금
기타	시계, 간단한 세면 도구, 상비약, 밴드, 실과 바늘, 선글라스, 조명 (손전등), 침낭 (계절에 맞는 침낭), 빨래 집게

저의 배낭엔 무엇이 들어 있었을까요?

의류	버프, 겨울용 챙모자, 두건, 폴라폴리스 점퍼, 바람막이, 기능성 긴팔 티셔츠, 기능성 반팔 티셔츠, 민소매 티셔츠 한 벌, 면 반팔 한 벌, 반바지 한 벌, 워터 스포츠용 반바지 세 벌, 기능성 긴 바지 두 벌, 속옷 세 벌, 양말 세 켤레
수납 용품	배낭, 커버, 여름 침낭, 비닐 가방, 지퍼백 네 장, 작은 파우치 세 개, 옷 정리용 속 가방 두 개, 신발 주머니 한 개, 노트북 가방, 자물쇠
신발	경등산화 한 켤레, 슬리퍼 한 켤레

전자 기기		시계, 손전등, 휴대폰, 휴대폰 충전기, MP3 플레이어, 이어폰, 카메라, 카메라 배터리 세 개, 카메라 배터리 충전기, USB 메모리, 노트북, 노트북 어댑터, 유니버설 콘센트, 외장 하드
서류		프리다이빙 교재, 정간보 악보집, 현금, 현금카드 두 장, 신용카드 두 장 순례자 여권, 여권
세면 도구		치실, 치약, 칫솔, 혀클리너, 면도기, 면도크림, 폼클렌져, 비누, 샴푸, 선크림, 손톱깎이
비상 약품		벤드, 두통약, 설사약, 후시딘, 실과 바늘
기타		젓가락, 다용도 칼, 빨래 집게 세 개, 고무줄, 우산, 물안경, 스노클 마스크, 휴지, 물휴지, 비치타올, 비타민, 소금

카미노 생존 스페인어

몸짓과 눈빛만으로도 대화가 가능하지만, 기본적인 스페인어를 익힌다면 좀 더 편하게 카미노를 걸을 수 있어요. 카미노를 걸으며 주로 사용하는 스페인어를 정리하였습니다.

 방향

aquí(아키)	여기	allí(아이)	저기
izquierda(이스키에르다)	왼쪽	derecha(데레차)	오른쪽
derecho(데레초)	직진	directo(디렉토)	직진
detrás(데트라스)	뒤	frente(프렌테)	앞
norte(노르테)	북쪽	sur(수르)	남쪽
este(에스테)	동쪽	oeste(오에스테)	서쪽

장소

camino(카미노)	길, 소로	carretera(카레테라)	고속도로, 대로
alimentación(알리멘타시온)	식료품점	albergue(알베르게)	숙소
farmacia(파르마시아)	약국	correos(코레오스)	우체국
banco(방코)	은행	comisaría(코미사리아)	경찰서
tienda(티엔다)	상점		

의문사

Cuando?(쿠안도?)	언제?	Dónde?(돈데?)	어디?
Qué?(케?)	무엇?	Cómo?(코모?)	어떻게?
Por qué?(포르 케?)	왜?	Quién?(키엔?)	누구?

생활회화

Qué tal?(케 탈?)	어떻게 지내세요?(오늘 걷기 어땠어요?)
Cuánto cuesta?(쿠안토 쿠에스타?)	얼마예요?
Hola!(올라!)	안녕하세요!
Buenos días(부에노스 디아스)	좋은 아침입니다.
Buenos tardes(부에노스 타르데스)	좋은 오후입니다.
Buenos noches(부에노스 노체스)	좋은 밤이에요.
Buen Camino(부엔 카미노)	즐거운 여행 되세요.
Duro(듀로)	힘들었어요.
Buano(부아노)	좋았어요.
Por favor(포르 파보르)	부탁드려요.
Sí(시)	네.
No(노)	아니요.
Qué hora es?(케 오라 에스?)	몇 시입니까?
Ahora es Nueva(아오라 에스 누에바)	지금은 아홉 시입니다.
Agua portable(아구아 포르타블레)	식수
Agua no portable(아구아 노 포르타블레)	먹을 수 없는 물

접속사

y(이)	그리고	o(오)	혹은
con(콘)	함께(더하여)	pero(페로)	그러나

빈도

siempre(시엠프레)	항상	a menudo(아 메누도)	자주
a veces(아 베세스)	가끔	nunca(눙카)	전혀

크기

grande(그란데)	큰	mediano(메디아노)	중간의
pequeño(페케뇨)	작은		

날씨

calor(칼로르)	더위	frío(프리오)	추위
lluvia(유비아)	비	sol(솔)	태양
nieve(니에베)	눈		

숫자

uno(우노)	1	dos(도스)	2
tres(트레스)	3	cuatro(쿠아트로)	4
cinco(신코)	5	seis(세이스)	6
siete(시에테)	7	ocho(오초)	8
nueve(누에베)	9	diez(디에즈)	10
ciento(시엔토)	100	mil(밀)	1,000
diez mil(디에즈 밀)	10,000		

서수

primero(프리메로)	첫째	segundo(세군도)	둘째
tercero(테르세로)	셋째	cuarto(쿠아르토)	넷째
quinto(킨토)	다섯째	sexto(섹스토)	여섯째

séptimo(셉티모)	일곱째	octavo(옥타보)	여덟째
noveno(노베노)	아홉째	décimo(데시모)	열째

달

enero(에네로)	1월	febrero(페브레로)	2월
marzo(마르소)	3월	abril(아브릴)	4월
mayo(마요)	5월	junio(후니오)	6월
julio(훌리오)	7월	agosto(아고스토)	8월
septiembre(셉티엠브레)	9월	octubre(옥투브레)	10월
noviembre(노비엠브레)	11월	diciembre(디시엠브레)	12월

요일

lunes(루네스)	월요일	martes(마르테스)	화요일
miércoles(미에르콜리스)	수요일	jueves(후에베스)	목요일
viernes(비에르네스)	금요일	sábado(사바도)	토요일
domingo(도밍고)	일요일		

시간

ahora(아오라)	지금	antes(안테스)	전에
después(데스푸에스)	다음에	ayer(아예르)	어제
anteayer(안테아예르)	그제	mañana(마냐나)	내일 혹은 아침에
pasado mañana(파사도 마냐나)	내일 모레		

식료품

abarrotes(아바로테스)	식료품	vino tinto(비노 틴토)	레드 와인
vino blanco(비노 블랑코)	화이트 와인	cerveza(세르베사)	맥주
queso(케소)	치즈	queso crema(케소 크레마)	크림치즈
frutas(프루타스)	과일	verduras(베르두라스)	야채
plátano(플라타노)	바나나	manzana(만사나)	사과
naranja(나란하)	오렌지	tomatera(토마테라)	토마토

cebolla(세보야)	양파	ajo(아호)	마늘
sal(살)	소금	pimienta(피미엔타)	후추
azúcar(아수카르)	설탕	aceite(아세이테)	기름
pan(판)	빵	chocolate(초콜라테)	초콜릿
huevo(우에보)	달걀	chorizo(초리소)	소시지
pollo(폴로)	닭	cerdo(세르도)	돼지
vaca(바카)	소	carnero(카르네로)	양
jamón(하몽)	햄	lomo(로모)	등심
café(카페)	커피	leche(레체)	우유
agua(아구아)	물		

mapa(마파)	지도	calcetines(칼세티네스)	양말
zapatos(사파토스)	신발	mochila(모칠라)	배낭
llave(야베)	열쇠		

todo(토도)	전부, 모두, 계속해서
comprar(콤프라르)	사다

개에 물리지 않으려면?

우리의 친구 '개'.

산티아고 길을 걷다 보면, 믿음직스러운 친구에게 뒤통수를 맞는 경우가 자주 발생합니다. 혼자서 불만을 표현하며 달려들기도 하고, 때론 동료들과 함께 몰려와 순례자를 핍박하기도 합니다. 길을 가다 몇 번이고 개한테 이빨로 폭행당할 뻔했어요. 실제로 물리는 경우도 봤습니다. 은의 길 초반에 만났던 아주머니를 산티아고에 도착해 만났는데, 개한테 물려서 병원에 다녀오셨다고 하더라고요. 치료에 5주는 걸린다고 했답니다. 이빨에 병균이 많아서 치료가 오래 걸리나 봐요. 원하지 않는 '내추럴 개이빨 타투'를 새기지 않으려면 어떻게 해야 할까요? 몇 가지 노하우를 공개합니다.

순례자는 보통 막대기를 하나 내지 두 개씩 들고 다닙니다. 경사가 심한 길에서 의지를 하기도 하고, 강이나 냇가를 건널 때 물에 빠지지 않게 중심을 잡아 주는 고마운 막대기이죠. 막대기가 두 개일 경우와 하나일 경우 개에게 대처하는 방법입니다. 저는 호신 및 방어용으로 커다란 나무 지팡이를 마련해서, '산 루에고의 지팡이'라는 든든한 이름을 붙여 주었어요.

막대기가 두 개일 경우

막대기 하나는 개의 미간에, 하나
는 만약을 위해 뒤쪽에 두는 것이
좋습니다.

　　그리고 왼쪽, 오른쪽으로 몸
통을 돌리면, 막대기가 원을 그리
며 모든 방향을 지켜 주죠. 체력 소모가 많은 것이 단점입니다.

막대기가 하나일 경우

가장 앞에서 달려드는 개의 미간
에 막대기 끝을 겨눕니다. 그럼 달
려드는 것을 멈추고, 경계 태세로
들어가더라고요. 여러 마리의 개가
포위를 할 경우, 종종 여러 마리의
개가 떼로 몰려와 포위를 하는 경우가 있습니다. 우선 포위망이 완성
되기 전에 벗어나는 것이 중요합니다. 그리고 개들을 눈에 보이는 방
향에 두고 막대기로 경계하면서 지나가야 하죠.

　　만약 포위망에 갇힐 경우, 가장 쉽게 돌파할 것 같은 쪽을 뚫고
빠르게 돌파한 후, 막대기를 이용해 경계하며 지나갑니다.

　　1미터가 넘는 높이의 울타리를 뛰어넘는 개들도 있으니, 개가
보이면 일단 조심하며 지나가야 합니다.

　　개 조심하세요!

이 책의 약도 보는 법

알베르게(숙소)

성당

식당, 술집

경찰서, 민방위

식료품점, 슈퍼마켓

약국

도서관

지역 사무소, 여행자 정보 센터

공원, 광장

은행

주유소

길

터널

다리

철로

교차로

→ 카미노 진행 방향

본문의 약도는 길을 걸으며 그렸던 것을 깔끔하게 옮긴 것입니다. 간단하게 길을 표시하고, 랜드마크가 될 아이콘들을 넣었더니 제법 보기 좋은 그림들이 완성되었네요. 마을에 도착해서 숙소를 찾지 못했을 때, 혹은 식료품을 마련할 슈퍼나 바를 찾고 싶으실 때 유용합니다. 그 밖에도 여행자 정보 센터나 은행, 약국 등 제가 아는 모든 정보를 정리해 두었어요.

길 찾기

길 안내를 따라가다가 미궁 속으로 빠진 기분이 들 때, 그 느낌을 무시하지 마세요. 정말 엉뚱한 곳으로 가버리게 될 수도 있으니까요. 마지막 화살표 이후로 직진이 아닌 수상한 길에 들어설 경우, 5분 이상 걸어도 다음 안내가 안 나오면 의심을 한번 해 봐야 합니다. 저는 카미노를 걸으며 아래의 두 가지 방법을 사용하여 길을 찾았어요.

사각 수색 패턴 마지막 화살표 이후로 5분을 걸어도 화살표를 찾을 수 없을 때, 우선 멈추어 섭니다. 오른쪽(혹은 왼쪽)으로 몸을 90도 돌려서 5분을 걸어 봅니다. 제대로 된 길이 나오지 않는다면, 먼저 돌았던 방향으로 몸을 90도 돌려 다시 5분을 걷습니다. 그럼에도 안내 표지가 보이지 않는다면, 다시 먼저 돌았던 방향으로 몸을 90도 돌려 5분을 걷습니다. 그럼 마지막에 발견했던 이정표가 나옵니다. 그곳에서부터 차근차근 살피며 천천히 진행합니다.

거리 시간 추측법 이 방법은 마을 근처에서 길을 잃었을 때 사용합니다. 우선 걷기 초반에 자신의 평균 속도를 시속 ○○ 킬로미터라고 기록하여 둡니다. 길을 잃었으면 시계를 봅니다. 그리고 몇 킬로미터쯤 걸어왔나 계산을 합니다. 그리고 안내서에 나와 있는 다음 마을까지는 어느 정도를 더 걸어야 하는지 가늠해 봅니다. 주위를 둘러보아 일치하는 마을을 찾고, 그쪽으로 방향을 잡고 걸어갑니다.

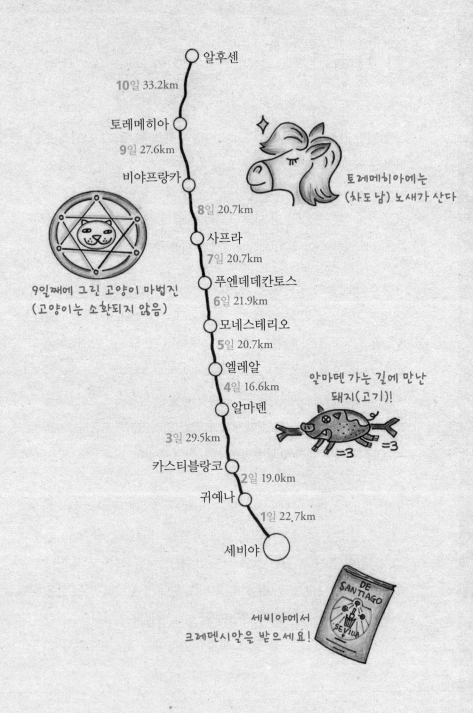

알후센

10일 33.2km

토레메히아

9일 27.6km

비야프랑카

8일 20.7km

토레메히아에는
(차도남) 노새가 산다

9일째에 그린 고양이 마법진
(고양이는 소환되지 않음)

사프라

7일 20.7km

푸엔데데칸토스

6일 21.9km

모네스테리오

5일 20.7km

엘레알

4일 16.6km

알마덴

알마덴 가는 길에 만난
돼지(고기)!

=3   =3

3일 29.5km

카스티블랑코

2일 19.0km

귀예나

1일 22.7km

세비야

DE
SAN TIAGO

SEVILLA

세비야에서
크레덴시알을 받으세요!

1장

초반이라 그런지
참 어리바리하군

세비야에서 알후센까지

세비야
Seville

은의 길은 세비야Seville에서 시작합니다.

혹시 챙겨오지 않은 필수품이 있다면, 비교적 큰 도시인 이곳 세비야에서 장만하는 것이 좋아요.

그리고 산티아고 길을 걷는 순례자에게 가장 중요한 것. 크레덴시알순례자 여권을 이곳 세비야에서 발급받습니다.

크레덴시알은 순례자 사무실Calle San Jacinto, 25 41010, Sevilla에서 무료로 발급받거나, 사이몬 호텔Hotel Simon / Garcia de Vinuea 19 혹은 트리아나 백패커Triana Backpackers / rodrigo de triana 69에서 약간의 수수료를 내고 발급받습니다.

 숙소

이용 요금 **12유로(조식 포함)**
인터넷(Wifi) **사용 가능**
주방 **사용 가능**

트리아나 백패커는 산티아고 진행 길에서 가까워요. 아침은 7시부터 줍니다.

크레덴시알은 여기서 받아요.

이 화려한 스테인 글라스 속에 그려진 건,
해변에서 아이들이 세워 놓은 모래성일 따름입니다.
이 창 밖에는 더 아름다운 자연이 기다려요.

1

세비야에서 귀예나
Seville to Guillena

총
22.7KM

Sevilla   Santiponce   Guillena

9.5km

13.2km

산티아고 길을 걷는 첫날, 세비야에서 귀예나Guillena로 갑니다.

가이드북도, 자세한 지도도 없습니다. 그래서 길을 어떻게 찾아가나 좀 걱정했었죠.

'길을 어떻게 찾아야 하지?'

막상 걸어 보니 괜한 우려였네요. 눈에 잘 띄는 노란색으로 표시를 잘 해 놨거든요.

산티아고만을 위해 짐을 싸온 게 아니라 가방이 무거워서 좀 지칩니다. 물까지 합해서 18킬로그램은 되거든요.

'어깨가 빠질 것 같군.'

첫날이라 그렇겠죠.

체력장 다음날 온몸이 쑤시는 것처럼, 여기저기 쑤시네요.

산티풍세Santiponce를 지나고 나면 가는 길에 상점을 찾을 수 없으니, 물이나 간식을 미리 사 두시는 게 좋아요. 오랜만에 길게 걸었더니 발에 물집도 잡히고 몸이 고생입니다.

길은 대부분 수월했지만, 복병이 좀 있어요. 복병은 바로 '물'인데요. 길이 침수되어 물을 건너는 어드벤처가 좀 있었습니다. 강을 건너는 팁을 하나 드리자면, 우선 배낭을 먼저 던지시고, 도움닫기를 해서 점프 후, 몸을 둥글게 말아 낙법으로 착지하시면 됩니다. 간단하죠.

아니면 옆에 난 절벽 같은 길을 따라 좀 걸은 후, 징검다리를 건너도 돼요.

그냥 내리 걷기만 하면 되는 줄 알았는데, 이런 이벤트성 어드벤처가 기다리고 있어서 더 즐겁습니다.

코스 공략

화살표만 따라가면 별 어려움은 없습니다. 다만 오른쪽에 선인장으로 벽이 쳐져 있는 곳이 좀 혼란스러운데요. 앞으로 가라는 표시가 되어 있고, 길은 왼쪽으로 울타리를 따라 이어져 있습니다. 앞은 절벽처럼 되어 있고, 아래쪽엔 물이 흐르죠. 아무리 봐도 길은 울타리를 따라가야 할 것처럼 생겼습니다. 그렇지만 길은 앞쪽입니다. 강을 도움닫기해서 점프로 건너는 방법은 난이도가 좀 높아요. 앞으로 거닐다 보면 오른쪽에 절벽을 따라 작은 길이 나 있습니다. 그 길을 따라 내려간 후 징검다리를 건너면 좀 편해요.

선인장으로 벽이 쳐져 있습니다.

숙소

이용 요금 **5유로**
인터넷(Wifi) **사용 불가능**
주방 **사용 가능**

귀예나 알베르게는 오후 두 시부터 아홉 시까지
문을 엽니다. 제가 묵었을 땐, 차도 마실 수 있었
어요. 침대는 이층 침대입니다. 담요는 있지만
베개가 없어요. 짐 줄인다고 베개를 딱 버리고
왔는데 말이죠. 평소에 안 쓴다고 버리면, 조만
간 꼭 필요할 때가 오는군요.

귀예나 알베르게

 슈퍼

귀예나에 도착하여 다음날 먹을 음식과 저녁을
사러 나갔습니다. 월요일부터 목요일까지와 금
요일과 토요일 영업 시간이 다른데요. 월-목은
아침 아홉 시에서 오후 두 시, 오후 다섯 시에서
밤 아홉 시까지입니다. 금요일, 토요일은 쉬는
시간 없이 영업하고요. 알베르게에 좀 일찍 도
착했다면, 푹 쉬고 저녁 다섯 시가 넘어서 가면
돼요. 이곳엔 두 개나 세 개를 사면 할인해 주는
품목이 많이 보였어요. 특히 바게트 빵이 참 싸
더군요. 동행이 있다면 그런 음식을 사서 나눠
먹으면 좋을 것 같아요. 저는 다음날 점심으로

슈퍼, 바게트가 싸요.

뭐 먹을까 고르다가, 바게트 빵과 베이컨을 집
었습니다. 단백질과 탄수화물. 훌륭하죠. 저녁으로 먹은 마트표 냉동 피자는 별로였어요.
요리해 먹기는 귀찮아서 골랐는데…. 마트표 말고 다른 브랜드는 전에 먹어 봤는데 괜찮았
어요. 내일도 마트에 간다면 냉동 피자 말고 다른 메뉴를 골라 봐야겠습니다. 통닭같이 실
한 놈으로요.

2

귀예나에서 카스티블랑코
Guillena to Castiblanco de los Arroyos

총
19.0km

Guillena

Castiblanco de
los Arroyos

초반이라 그런지 영 어리바리합니다.

'이건 뭐지? 난 길을 걸으러 왔는데 왜 수영을 하라는 거야.'

화살표를 따라가니 강이 나왔죠. 아무래도 농락당하는 기분이라, 옆의 다리를 통해 길을 걸었습니다.

'그러면 그렇지!'

다리에도 화살표가 나 있군요.

앞으로 계속 걸었으나, 다리 이후론 화살표가 없습니다.

'아무래도 길을 잘못 든 것 같아.'

다시 뒤로 돌아가다 보니, 미국인 커플이 보이는군요.

"안녕? 내가 이쪽으로 한참 걸었는데 길을 못 찾겠어."

그들은 지도를 펴들고 자리에서 움직일 생각을 안 하네요. 저는 우선 되돌아갔습니다. 돌아가는 길에, 정원을 가꾸고 있는 동네 아저씨와 눈이 마주칩니다.

"아저씨! 이거, 노란 화살표 혹시 보셨나요?"

짧은 스페인어로 말은 안 통하고, 눈치 빠른 아저씨는 종이에 그림을 그려 주십니다. 제가 갔던 그 길이 맞았어요. 마치 '얼음' 한 것처럼 멈추어 있는 미국인 커플도 데리고, 아저씨가 알려 주신 길로 갔습니다. 노란 화살표가 나오는군요! 긴장이 좀 풀립니다.

미국인 커플을 먼저 보내고 전 잠시 배낭을 내려놓고 쉬었어요. 무거운 배낭을 너무 꽉 졸라 매었는지, 옆구리가 배낭에 쓸려 까졌군요. 작은 상처지만, 걸을 때마다 무척 신경 쓰입니다. 배낭끈을 다시 조절하고, 까진 곳에 응급 처치를 하고 다시 길을 걸었습니다. 어쨌든 트럭이 쌩쌩 달리는 도로에서, 한적한 산책로로 접어드니 기분이 좋군요. 엄청나게 쌓여 있는 소똥만 피하면, 걷는 데 어려움은 없습니다. 소똥 밭에 굴러도 이승이 좋다고 하지만, 이승에 있는데 굳이 똥 밟을 필요는 없잖아요. 소똥을 요리조리 피해서 알베르게에 도착했습니다.

 코스 공략

원래 코스대로라면, 마을에서 나갈 때 강을 건너야 합니다. 하지만 강을 건너기가 만만치 않죠. 왼쪽에 보면 친절하게 다리가 놓여 있습니다. 다리를 건넙니다. 다리를 건너 직진하라는 노란 화살표가 표시되어 있죠.

계속 도로를 따라 앞으로 갑니다. 아무런 이정표도 없고, 아무래도 길을 잘못 든 것 같은 기분이 듭니다. 그래도 계속 걸으면 앞쪽에 ◎가 있습니다. ◎를 거점으로 사거리가 있죠. 이 사거리에서 왼쪽 길을 따라 끝까지 걸어갑니다. 공업 단지예요. 길이 끝날 때까지 걸어간 후 오른쪽으로 꺾습니다. 조금 걸어가면 화살표가 보여요. 그렇게 기분 좋게 발걸음을 옮기다 보면 두 번째 복병을 만납니다.

표시는 직진인데, 철조망으로 막혀 있는 길이죠. 배낭을 먼저 철조망 너머로 던진 후, 장대 높이뛰기를 이용해 넘어가시면 됩니다. 혹은 간단하게 철조망 문을 열고 건너갈 수도 있어요. 문을 열고 지나갈 경우, 다음에 오는 순례자를 위하여 친절하게 문을 꼭 잠가 둬야 합니다. 사실 순례자를 위하면 열어 놔야겠죠. 문이 잠겨 있는 곳은 개인 농장이라, 소나 양이 열린 문으로 도망갈 수 있거든요. 잊지 말고 원 상태로 해 두세요.

그 이후론 화살표만 따라가면 무리 없이 카스티블랑코Castiblanco에 도착하실 수 있습니다.

배낭을 먼저 철조망 건너편으로 던진 후 장대 높이뛰기를 하세요. …아니면 그냥 문을 열고 지나갈 수도 있구요.

숙소

이용 요금 **5유로**
인터넷(Wifi) **사용 불가능**
주방 **사용 가능**

이곳 알베르게엔 베개는 있는데 이불이 없습니다.
침낭이 없다면 밤새 떨겠어요. 저는 여름용 얇은 침
낭이라, 있는 옷 다 껴입고, 비치 타올까지 두르고
잤습니다. 비치 타올도 무거워서 버릴까 했는데 남
겨 두기 참 잘했네요. 어제는 베개로, 오늘은 이불
로 썼으니까요. 참 유용해요.
이곳 역시 주방이 갖추어진 곳입니다. 전자레인지
는 없어요. 방에 콘센트가 몇 개 없으니, 충전할 것
이 있으면 미리 미리 충전해 두세요.
도착했을 땐 알베르게에 직원이 없어 좀 당황했지
만, 자기 전에 도장 찍어 주러 왔어요.

카스티블랑코 알베르게

 슈퍼

알베르게에서 우측 내리막길로 쭉 내려가시면, 슈퍼마켓이 보입니다. 규모는 아담하지만,
먹을 것을 사기엔 충분해요.

슈퍼. 식품을 사기엔 충분해요.

소가 앞에 똥을 싸 놓고 유유자적 걸어갑니다.
소에게 시원하냐고 물으니, 뒤를 돌아보며 대답합니다.
"김이 나나 봐라, 김이!"
물론 김이 나죠. 방금 싼 건데.

3

카스티블랑코에서 알마덴
Castiblanco de los Arroyos to Almadén de la Plata

총
29.5km

Castiblanco de
los Arroyos

Almadén de
la Plata

잠을 잔 듯 만 듯합니다. 히터도 안 나오는데, 담요도 없어서 밤새 엄청 떨었거든요.

옷을 다 껴입고, 비치 타올까지 두르고 잤지만 역부족이었어요. 여름 침낭이라도 삼베로 되어 있는 건 아닌데, 바람이 슝슝 들어오더라고요. 30분에 한 번씩 눈을 떴습니다. 결국 아침에 너구리 눈을 하고 숙소를 나왔어요.

마찰이 심한 도로를 거닐다 보니, 물집이 많이 잡힙니다. 초반이라서 그렇겠죠. 아직 발이 걷는 것에 익숙해지지 않았으니까요.

국립공원에 들어간 이후엔 한결 발이 편했습니다. 운 좋게 산티아고 길을 걷는 돼지도 보았어요. 길에서 놀다가 저를 보자마자 숲 속으로 줄행랑을 치더라고요. 제가 돼지(고기)를 얼마나 좋아하는데! 제 맘도 몰라주고 잽싸게 달려가더라고요.

포장된 도로를 밟다가 숲을 걸으니 좋았습니다.

'앗! 또 철문이군!'

전에 봤던 철문처럼 허술해 보이지 않습니다. 이 철문엔 전기가 흐르고 있어서, 손을 대면 감전이 될 것 같아 보였죠.

'땅을 파서, 철문의 아래쪽을 통과해야 하나.'

고민을 하다가 '산 루에고의 지팡이'로 문을 건드려 보았죠.

'아무 느낌이 없잖아? 전기가 통하지 않는군.'

문을 열고 지나며 생각해 보니, 나무엔 원래 전기가 통하지 않는군요. 좌우간 손에서 나는 통닭 냄새를 맡으며, 축축한 땅바닥에 드러눕는 일이 안 생겨서 다행입니다. 오늘 길은 왜 이렇게 경사가 많은지, 숨이 차서 헉헉거리며 올라갔습니다. 앉거나, 누워서 빈둥

거리는 것에 더 익숙한 몸이라 이리 힘든가 봅니다.

정상에서 바라보니 경치가 좋군요. 종종 동네 뒷산에 오르던
게 생각납니다. 높이는 그다지 차이가 나지 않는 것 같아요. 그땐 가
벼운 차림으로 올랐고, 지금은 배낭을 둘러메고 오르는 차이가 있을
뿐입니다. 그런데 그 차이가 크네요.

뭐 계속 걷다 보면 익숙해지겠죠.

오늘은 오전과 오후의 길이 판이하게
다른데요. 오전은 도로를 따라 걷는
길이고, 오후는 국립공원Parque Natural
Sierra Norte의 산길을 따라 걷습니다. 가
다가 튼튼한 철문으로 막힌 곳을 지나
가야 해요. 문을 잘 보시면 열 수 있게
되어 있습니다. 문을 열고 지나가시
고, 다시 닫아 주세요.

잘 보면 열 수 있게 되어
있어요.

도로와 국립공원 길. 전혀 공통점이 없을 것 같은 두 길에 공통
점이 있는데요. 둘 다 롤러코스터 레일을 걷는 기분이라는 겁니다.
다행히 360도 회전 구간은 없지만, 계속 오르락내리락해요.

초반은 걷기 힘든 코스였지만, 자연 경관이 참 좋았어요. 안내
가 잘 되어 있어서, 화살표만 따라가면 됩니다.

숙소

이용 요금 **5유로**
인터넷(Wifi) **사용 불가능**
주방 **사용 가능**

마을에 도착해서 열심히 노란 화살표를 따라갑니다.
화살표를 계속 따라가면, 다음 마을까지 쉬지 않고 걸
어야 해요. 화살표를 따라가다 보면 사진 속의 갈림길
이 나옵니다. 모든 화살표가 오른쪽을 향하고 있지만,
아래의 흐릿한 화살표를 보면 알베르게 방향만 다릅
니다. 왼쪽으로 꺾어져야 하죠. 저는 저걸 못 보고 지
나쳐서 걸었는데, 계속 진행하다 보니 아니다 싶어서
돌아왔습니다. 힘들어서 정신없을 때라, 화살표 따라
그냥 오른쪽으로 가게 되더라고요. 알베르게 쪽 화살
표를 따라가다 보면 갈림길이 보이고, 좌측에 표지판
이 나옵니다. 표지판의 건너편이 알베르게예요.
주방 사용 가능하고, 이불과 베개가 모두 있습니다.

알베르게 방향만 화살표가
달라요.

 슈퍼

알베르게로 올라오는 길에 슈퍼가 있어요. 알베르게 찾는건 힘들었지만, 슈퍼가 가까워서
좋았습니다.

알베르게에서 우측 내리막길로
가세요.

'늑대가 나타났다!'
이야기 속 양치기가 소리쳤을 법한 풍경입니다.
하지만 시에스타 시간이라 아무도 그 소리를 못 들었다죠.

4

알마덴에서 엘레알
Almadén de la Plata to El Real de la Jara

아직 걷기에 익숙하지 않습니다. 제 몸은 겨울철의 LPG 자동차처럼 시동이 걸리기까진 시간이 좀 걸리죠. 그래서 코스를 짧게 잡았습니다. 오늘 길게 걸었다가 힘들면 작심삼일로 때려치울 것 같아서요.

여유를 부리며, 경치 감상을 실컷 하며 걸어갑니다. 오늘은 동물을 많이 만났던 날이었어요. 소와 말, 양, 돼지 등 많은 동물을 봤죠. 가는 길은 경사가 심한 곳이 좀 있지만, 거리가 길지 않아서 마음이 편합니다. 모네스테리오Monesterio까지 한번에 갔다면, 스트레스를 받았을 것 같네요. 주변도 휙휙 둘러보고 빠르게 걸었을 거예요. 그동안 알베르게에서 마주쳤던 일행의 반 정도는 모네스테리오로 떠났고, 나머지는 쉬엄쉬엄 갑니다.

매일 한계점까지 걷는다면, '내가 아직 이 정도는 걸을 수 있어!'라는 자신감을 얻을 수 있어요.

그리고 천천히 걷는다면, 와인을 한잔하며 여유로운 시간을 보낼 수 있죠.

둘 다 장점이 있습니다.

코스 공략

철문은 코스 중에 하도 많이 나오니, 이제는 난관 같지도 않네요. 문을 열고 지나가고, 다시 문을 닫아 놓으면 됩니다. 키우는 가축이 도망가면 안 되니까요.

철문은 이제 익숙해졌어요.

빨리 움직인다면 목적지에 빨리 도착하지만, 그만큼 풍경을 즐길 여유가 줄어듭니다. 꼭 급하게 가야 할 이유가 없다면, 천천히 엘 레알까지만 가는 걸 추천해요.

 ## 숙소

이용 요금 **10유로**
인터넷(Wifi) **사용 불가능**
주방 **사용 가능**

엘 레알의 알베르게는 마을에 도착하자마자 보입니다. 하지만 제가 도착했을 때는 문이 닫혀 있었어요. 노란 화살표를 따라가다 보면, 순례자에게 저렴한 가격에 잠자리를 제공해 주는 숙소가 있습니다. 숙소 이름이 몰리나Alojamiento Molina인데요. 꼭 가정집 같아요. 집 같은 편안함이 있다고 할까요. 주방 사용 가능하고, 1층 침대라 잠자리가 더 편안했어요.

가정집 같은 숙소 몰리나

 ## 슈퍼

숙소인 몰리나에서 카미노 진행 방향의 반대로 걸어가다 보면 콜론 거리Calle de Colon가 보입니다. 콜론 거리로 우회전을 한 후 쭉 올라가면, 우측에 슈퍼마켓이 보입니다. 규모는 작아요.

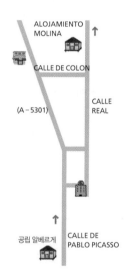

콜론 거리에서 우회전하세요.

길을 걸을 때는 지팡이가 아주 요긴하게 쓰입니다.
위험에서 지켜 주고, 균형을 잃지 않게 도와주니까요.
게다가 땅바닥에 낙서하기에도 좋습니다.

5

엘레알에서 모네스테리오
El Real de la Jara to Monesterio

총
20.7km

El real de
la Jara

Monesterio

비가 내린 다음날, 상쾌한 공기에 흙냄새가 묻어납니다. 흙길을 가다 보면, 똥처럼 생긴 게 많이 널려 있어요. 진짜 똥도 있고, 민달팽이도 있습니다. 비가 내린 다음날이라 그런가 봐요. 똥이 움직여서 흠칫했지만, 자세히 보니 민달팽이였습니다.

민달팽이를 발견했다고, 무턱대고 손으로 만지면 안 돼요. 똥일 수도 있거든요. 농장 길이라, 염소나 양, 소들이 똥을 여기저기 싸 놨습니다. 민달팽이를 찾는 것은 꼭 숨은그림찾기 같아요.

모네스테리오에 도착하니 배가 고픕니다. 먹을 걸 사러 돌아다니는데, 일요일이라 빵집이고 슈퍼고 다 문을 닫았군요. 돌아다니다가 사람들이 많이 모여 있는 곳을 발견했습니다. 카니발 기간이라 지역 축제를 하나 봐요. 천막 안에 들어가니, 뭔가 상점 같은 게 있습니다.

'그래, 뭔지는 몰라도 일단 사 먹자.'

줄을 서고 제 차례가 되어 주문을 하려고 하니, 핫 초콜렛을 건네 주는군요.

"미안하네, 친구. 과자는 떨어졌어."

주문하는 게 아니라 핫 초콜릿을 그냥 주는 거였군요. 뭐 어찌되었건 아사 직전의 상태에서 벗어났습니다.

호스텔 1층의 식당에서 밥을 좀 먹고 싶다고 하니, 저녁 8시 이후에 오라는군요. 마치 물에 빠져 허우적거리는 사람한테, 두 시간 있다가 구하러 오겠다는 소리 같습니다. 한참 동안 동네를 돌아다니다가 문 연 집을 찾았어요. 이곳에서 소세지와 하몽 그리고 와인을 사 들고 나왔죠.

그런데 문을 연 빵집이 없습니다. 반찬은 있는데 밥이 없는 거죠. 아쉬운 대로 문을 연 바에 들어가 과자를 사 가지고 나왔습니다.

맛있는 음식들이긴 한데, 배는 차긴 하는데…. 뭔가 조합이 아쉬웠어요.

코스 공략

이날의 코스는 큰 경사도 없고, 길을 잃어버릴 염려도 없는 편안한 길이에요.

중간에 도로에 나왔을 때 차만 조심하고 화살표를 잘 따라간다면, 별 탈 없이 모네스테리오에 도착합니다.

길 후반에 쉴 곳도 마련되어 있어서 마음에 들었습니다.

황제가 부럽지 않은 쉼터예요.

숙소

이용 요금 **12유로**
인터넷(Wifi) 사용 불가능
주방 사용 불가능

모네스테리오엔 알베르게가 없습니다. 대신 순
례자에게 저렴한 가격에 잠자리를 제공하는 호
스텔이 있죠. 노란 화살표를 따라서 쭉 가다 보
면 눈에 띕니다. 관광 정보 센터를 지나, 언덕을
내려오면 보여요. 숙소의 이름은 엑스트레마두
라Extremadura 호스텔입니다. 혼자 왔다고 하
니 무려 싱글룸을 주시더군요. 덕분에 정말 편
하게 푹 쉬었어요.
1층엔 식당도 있으니, 음식을 드셔도 됩니다.
이 동네는 돼지 발로 만든 하몽Jamon이 유명해
요. 빨리 쉬고 싶으시다면, 마을 입구에도 호텔
이 있고, 여행자 정보 센터 가기 전에도 호스텔
이 하나 있습니다. 꽤 큰 동네로 숙소가 많은 편
이에요.

알베르게가 없어도 안심! 저렴한
호스텔을 이용하세요.

 슈퍼

노란 화살표를 따라 호스텔을 가는 길에 있습니다.
큰 길가에 있어서 찾기 쉬워요.

6
모네스테리오에서 푸엔테데칸토스
Monesterio to Fuente de Cantos

총
21.9km

Monesterio   Fuente de Cantos

전날 저녁은 허술하게 먹었지만, 따뜻한 독방에서 편안히 자서 몸이 가볍습니다. 가벼운 몸에 무거운 배낭을 짊어지고 길을 떠났어요. 배낭 속에는 배고플 때 쇼핑을 하면 안 된다는 걸 보여 주는, 무거운 소시지가 몇 개 들어 있죠. 하지만 별 수 없었습니다. 빵을 안 파니까, 뭐라도 먹어야 굶어 죽지 않으니까요.

날씨도 백 점, 경치도 백 점입니다. 초록 들판과 파란 하늘이 참 잘 어울리는군요. 햇빛에 반사되어 반짝이는 황금빛 물결도 시선을 붙잡네요. 소들도 풀을 뜯어먹곤 따스한 햇살에 누워 일광욕을 즐깁니다. 그걸 보니 저도 근처에 눕고 싶더라고요. 그래도 남의 똥 위에 눕고 싶진 않아서, 길을 걸었습니다. 점심은 생 소시지와 과자예요.

만족스러운 궁합은 아니지만, 배고파서 소똥 위에 드러눕는 걸 피하게 되었으니 다행입니다.

아름다운 날이에요.

코스 공략

탁 트인 풍경이 가슴을 뻥 뚫리게 해 주는 코스입니다. 사방이 뚫려 있어서 바람이 불면 추우니, 외투를 꺼내기 쉬운 곳에 두는 것이 좋아요.

길을 가다 보면 물을 건널 일이 잦습니다. 돌로 만든 징검다리가 튼튼해 보여도, 발을 딛기 전에 잘 확인해 보고 건너야 해요. 바닥에 잘 박혀 있는 돌이 아닌 경우는 발을 디딜 때 흔들려서, 자칫

개울가에서 폼나게 스노클을 해 볼까요?

잘못하면 중심을 잃고 수영을 하게 될 수도 있기 때문이죠. 가방에 스노클 마스크가 있긴 하지만, 개울가에서 스노클을 하고 싶진 않았습니다. 마지막 개울에서 딛은 돌이 기우는 바람에 신발이 조금 젖었어요. 징검다리가 불안하다면 샌들로 바꾸어 신고 건너는 것도 좋은 방법입니다. 길을 찾는 데 어려움은 없었어요.

숙소

이용 요금 **10유로(조식 2유로)**
인터넷(Wifi) **사용 가능**
주방 **사용 가능**

마을에 도착하면 알베르게 이정표가 보입니다.
이정표를 따라 언덕을 올라가서 길을 따라 내려
갑니다. 내리막길의 이름은 로마노네스Calle de
Romanones이고, 이어지는 푸엔테누에바Calle de la
Fuente Nueva를 따라 계속 갑니다. 언덕을 내려가
다 보면 작은 공원이 보이는데, 길의 끝까지 내려가
서, 우회전을 하면 큰 건물이 눈에 보입니다. 그 건
물이 알베르게인데요. 공립 알베르게는 아니고 사
설 알베르게로 시설은 아주 좋습니다. 무려 인터넷
도 되고 말이죠.

푸엔테 데 칸토스 알베르게

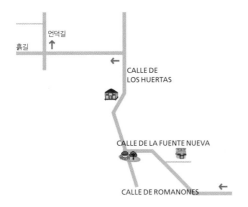

 슈퍼

알베르게 가는 길에 대형 슈퍼마켓 디아Dia가 보입니다. 규모가 꽤 커요.

빽빽히 심어진 농작물을 보면 도시의 사람들이 생각납니다.
출퇴근길 지하철은 숨을 쉴 공기조차 부족하죠.
그러나 이곳은 아무리 둘러봐도 동물이라곤 저 한 마리뿐입니다.

7
푸엔테데칸토스에서 사프라
Fuente de Cantos to Zafra

총
26.1KM

| Fuente de Cantos | Calzadilla de los Barros | Puebla de Sancho Peréz | Zafra |

7km

14.8km

4.3km

초반부터 헤맵니다.

'분명 화살표는 여기로 꺾으라고 했는데?'

화살표를 따라 걸어가니, 아무래도 길을 잘못 든 것 같은 기분입니다. 느낌을 무시하고 계속 갔다면, 국제 미아가 되었겠죠. 비도 내리는데, 길까지 잃어버리니 처량한 기분이 드네요. 사람한테 길을 좀 물어보려고 해도, 거리에 사람이 없습니다.

'사거리에 있으면 사람이든 차든 뭐라도 오겠지.'

사거리에서 비를 맞으며 무언가가 오길 기다렸습니다. 탈탈탈탈탈! 경운기입니다!

"아저씨! 좋은 아침이에요. (비가 내리긴 하지만…) 산티아고 가려면 어느 길로 가야 하죠?"

아저씨는 자세하게 잘 설명해 주시는데, 제가 말귀를 못 알아듣습니다. 저의 스페인어 수준으론 '앞으로! 왼쪽! 오른쪽!' 정도나 알아들을 수 있으니까요. 아저씨는 결국 답답한지 경운기에서 내려서 흙바닥에 막대기로 그림을 그려줍니다.

"이리로 가면 지름길."

지름신을 따라가면 후회가 되더군요.

"이리로 가면 화살표를 볼 수 있다네."

초반부터 비 맞은 생쥐가 미로에 갇힌 꼴이었는데, 드디어 마을을 벗어났습니다. 우선 화살표를 찾으니 순탄하군요. 철길을 따라 걷는 구간이 특히 마음에 듭니다.

'이거 생각보다 일찍 도착했는걸?'

초반에 길을 헤맨 것에 비하면 좀 일찍 도착했어요. 마침 화살표를 따라가다 보니 큰 슈퍼마켓이 있어서, 먹을 것을 양손 가득 샀습니다.

'자, 이제 숙소를 찾아볼까?'

금방 나타날 것만 같던 숙소는, 도저히 눈에 띄지가 않습니다. 부슬비가 내리다가 빗발이 점점 거세지는군요. 입에서는 랩인지 주문인지 모를 말들이 내뱉어집니다.

"아 진짜! 아브라카타브라! 개나리신발색깔노랗네!"

배낭과 먹거리를 짊어지고, 비 맞으며 시티 투어를 했어요. 비 오는 날이라 거리에 사람도 없군요. 사람을 한 명 만나 물어봤어요.

"저 쪽으로 쭉 가게. 가다 보면 나오네."

가다 보니 마을이 끝납니다. 마을 끝에서 하늘을 보며 "모래반지 빵야빵야!"를 외치고 있는데, 아버지와 아들이 급하게 어디를 가려고 차에 시동을 거는 게 보이는군요.

"알베르게. 알베르게…. 아브라카타브라. 알베르게가 어딘지 알려 주시지요. 부탁입니다."

아들은 알베르게 같은 건 마드리드에서나 찾아보라고 했지만, 아버지는 분명 알고 있는 눈치입니다.

'자식이 자기가 모르면 모른다고 하지, 왜 없다는 거야.'

운전대를 잡고 있던 아저씨가 길을 알려 줍니다.

"자네가 왔던 길로 15분만 걸어가 보게. 찾을 수 있을 걸세."

지치는군요.

아무리 둘러봐도 알베르게는 보이지 않고, 안내도 보이지 않습니다. 문이 열려 있는 박물관 비슷한 건물에 들어가서 물었습니다.

"이곳에 침낭을 깔아도 되나요? 비 좀 피합시다."

직원이 웃습니다.

'웃어?'

그리고는 오른쪽을 가리키는군요.

"바로 옆이 알베르게라오."

마을에 도착한지 한 시간 반 만에 알베르게를 찾았습니다.

역시 비 올 때는, 나다니는 것보다 따뜻한 방이 좋아요.

 코스 공략

푸엔테데칸토스에서 나가는 길을 찾기가 어렵습니다. 화살표가 띄엄띄엄 있고, 없는 곳도 있거든요. 우선 알베르게 정문에서 좌측 길로 갑니다. 길을 가다 보면 반가운 노란색 화살표를 보실 수 있어요. 왼쪽으로 가라는 화살표죠. 왼쪽 길로 접어들면, 골목이 많은데 화살표가 안 보입니다. 골목들을 무시하고 계속 직진합니다. 그럼 마을이 끝나는 부분에 사거리가 나와요. 노란색 화살표는 없습니다. 정면은 흙길로 되어 있어요. 이 사거리에서 오른쪽 언덕길을 따라 올라갑니다. 그 길을 따라 쭉 가다 보면, 다시 노란색 화살표를 발견하실 수 있어요. 그 다음엔 화살표를 따라 편안히 걸으면 됩니다. 길의 경사가 심하지 않고 걷기 좋은 길이에요.

좀 어려웠던 건 길이 물에 잠겨 있을 때였습니다. 비가 와서 그런가 봐요. 먼저 지나간 사람이 돌이나 나무를 이용해 징검다리를

굿은 날씨면 어때요. 시티 투어 하는 거죠.

만들어 놓았지만, 조심해서 건너야 합니다. 임시로 만들어진 것이라 그리 튼튼하지 않거든요.

사프라까지 가는 동안에 마을을 두 곳 지나갑니다. 칼사디야데로스바로스Calzadilla de los barros와 산초페레즈Sancho peréz인데요. 두 곳 모두 숙소가 있어요. 너무 굿은 날씨라 걷기 어렵거나, 몸이 안좋으면 쉬고 가는 게 좋겠죠. 산초페레즈와 사프라는 규모가 꽤 큰 마을이에요. 기차역도 있고 말이죠.

도대체 저 양들이 뜯어먹고 있는 풀이 뭘까 궁금합니다.
씀바귀? 냉이? 그도 아니면 쑥?
양도 백 일 동안 쑥 먹으면 사람 될까요?

숙소

이용 요금 **10유로(조식 2유로)**
인터넷(Wifi) **사용 가능**
주방 **사용 가능**

사프라는 규모가 꽤 큰 마을입니다. 알베르게를 찾느라
한참 헤맸죠. 지금까지 지나왔던 마을은 알베르게 안내
가 잘 되어 있었는데, 이곳은 꼭꼭 잘 숨겨 놨더라고요.
우선 노란 화살표를 따라갑니다. 성당까지는 무난해요.
노란 화살표가 더 이상 보이지 않지만, 성당 바로 앞 길
인 콘데데라코르테 길Conde de la Corte을 따라 끝까지
갑니다. 왼쪽 길로 걸어가다 보면 오른쪽으로 노란 화
살표가 보여요. 무시하고 쭉 걸어갑니다. 푸엔테마에스

알베르게를 꼭꼭 숨겨
놨어요.

트레 길Avenida de la Fuente Maestre이에요. 조금만 걸어가면 알베르게가 나타납니다. 화
살표가 끊겼던 성당부터 사프라를 샅샅이 돌아봤네요. 비도 오고, 길가에 지나다니는 사람
도 없어서 찾는 데 어려움이 많았습니다.

 슈퍼

마을에 들어와서 5분 정도 노란 화살표를 따라 이동하다 보면, 좌측에 대형 슈퍼마켓인 엘
아르볼EL ARBOL이 보입니다.
알베르게까지 갔다가 다시 오려면 멀기 때문에, 가는 길에 장을 보면 좋아요.

대형 슈퍼마켓 엘 아르볼

8

사프라에서 비야프랑카
Zafra to Villafranca de los Barros

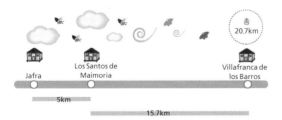

총
20.7km

Jafra
Los Santos de
Maimoria
Villafranca de
los Barros

5km

15.7km

전날 저녁을 푸짐하게 먹었지만, 아침이 되니 약간 허기가 집니다. 아침을 느긋하게 먹고는, 점심에 먹을 달걀을 삶아 들고 나왔어요. 약간 걸으니 마을이 보입니다.

'이야…. 이 맛에 사람들이 등산을 하는구먼.'

바위와 나무 사이에 숨어 있는 마을의 모습이 아름답습니다. 위에서 볼 땐 좋았지만 내리막을 내려갈 때는 별로 유쾌하지 않았어요.

'나는 20대인데 왜 무릎이…? 뼈가 벌써부터 말썽이면 안 되는데….'

내리막을 내려오고 나니 무릎이 투덜거림을 멈추더군요. 제 무릎은 유난히 내리막을 싫어해요. 오르막길을 오를 땐 별 소리 안 하다가, 내리막길만 만나면 투덜거리거든요.

마을을 지나 길을 걷는데, 양들이 순례를 하고 있군요. 왕복 1차선 길에 수십 마리의 양이 걸어가고 있습니다. 가는 길에 뜯어먹은 풀을 바로 똥으로 바꿔 내는 마술을 부리는 걸 보니, 이상한 나라에서 온 마법 양들 같습니다. 하긴 저도 배탈이 나면 그 정도 마법은 부리지만, 이 녀석들은 배탈이 난 것 같지도 않아요.

양들을 지나 아무도 없는 흙길에 지팡이로 낙서를 했습니다. 어릴 적엔 이런 흙에 낙서할 기회가 많았는데, 요즘엔 통 흙길에 앉아 놀 일이 없어서 낙서를 못했었죠.

고양이 마법진을 그렸어요. 발동된다면, 저를 태우고 길을 걸어갈 커다란 고양이가 나오는 마법진이죠. 하지만 정작 발동하는 법을 몰라서 그저 홀로 걷습니다.

마을에 도착하니 재미있는 표지판이 있군요. 정지 표지판 같은 빨간 경고 표지판엔, 그와 전혀 어울리지 않는 그림이 그려져 있어요. 남녀가 다정하게 손이 닿을랑 말랑 뛰어가는 그림이죠.

'나 잡아봐라 주의?'

역시 '나 잡아봐라'는, 어느 나라에서나 연인들이 한번쯤 해 보는 놀이인가 봅니다. 아마 이 거리가 유명한가 봐요.

길을 계속 가다 보니, 앞서 가던 순례자가 길에 주저앉아 있습니다.

"아저씨, 여기서 뭐 해요?"

전날 저녁 밥을 함께 먹었던 아저씨네요.

"오늘 묵으려던 숙소가 문을 닫았어."

이런. 저도 그 숙소에서 묵으려고 했었는데, 아쉽게 되었군요. 하는 수 없이 다른 호스텔을 물어물어 찾아갔습니다. 안내 표지판도, 간판도 없는 이상한 나라의 호스텔.

하지만 편안하게 잘 쉬었어요.

 코스 공략

노란 화살표가 잘 되어 있어서, 목적지까지 찾아가는 데 어려움이 없습니다. 다만 제가 걸었던 날은 비가 와서, 진흙길에 신발이 푹푹 빠지는 바람에 좀 힘들었어요.

가는 길에 로스산토스데마이모리아 Los santos de Maimoria 마을을 지나요. 이 마을 내려가는 길에 경사가 좀 심하니, 무릎 조심하세요.

무릎에서 비명 소리가 들립니다. 악! 악!

이 마을에도 알베르게가 있습니다. 가는 길에 나무가 많아서 그런지 유난히 새소리가 많이 들리더군요. 지금까지 오면서 새소리를 가장 많이 들었던 코스입니다. 길을 가다 힘들어서 좀 쉬었으면 좋겠다고 생각이 들 때쯤, 여행자 알베르게가 있습니다. 쉬어가기엔 좀 이른 시간이라 계속 걸었는데, 다음날 30킬로미터가 문제없다면 좀 일찍 쉬고 가도 좋을 듯해요. 비야프랑카에는 알베르게가 없으니까요.

 숙소

이용 요금 **15유로**(조식 포함)
인터넷(Wifi) **사용 불가능**
주방 **사용 불가능**

비야프랑카에는 알베르게가 없습니다. 호텔이나, 호스텔을 이용해야 하죠. 화살표를 따라가다 보면 있는 카사 페린Casa Perin에서 묵으려고 했는데, 제가 갔

순례자의 친구들,
이 동네에서 제일 저렴해요.

을 땐 문이 닫혔더라고요. 그래서 '순례자의 친구들' 호스텔을 찾아갔습니다.

노란 화살표를 따라오다 보면, 시에서 운영하는 시장Mercado Municipal 사거리가 나옵니다. 사거리에서 직진을 하면, 카미노 루트입니다. 호스텔은 그 사거리에서 좌회전해서 길을 따라 쭉 내려갑니다. 대형 슈퍼마켓을 지나쳐서 계속 가다 보면 다이아나 호텔Hotel Diana 사거리가 나옵니다. 혹시 길을 잃으셨다면, 다이아나 호텔 물어보면 사람들이 잘 알더라고요. 다이아나 호텔 앞의 에헤르시토 길Avenida del Ejercito로 좌회전을 해서 다리를 건넙니다. 그럼 오렌지 나무가 서 있는 산바르톨로메Calle San Bartolome가 나오는데요. 그 길로 올라가서 두 번째 골목이 호스텔이 있는 아리아스몬타노Calle Arias Montano입니다. 호스텔의 주소는 39호로, 앞에 호스텔을 알리는 아무런 표시가 없습니다. 벨을 누르면 주인이 나와요. 워낙 좋은 시설의 알베르게에 묵다 와서, 상대적으로 별로였습니다. 그래도 이 동네에서 가장 저렴한 숙소이고, 침대 두 개짜리 방이니 괜찮죠. 숙박비에 아침 식사가 포함됩니다. 카사 페린은 20유로이고, 다이아나 호텔은 30유로라고 들었어요. 비야프랑카에 오는 길에 있는 여행자 알베르게에 묵고, 다음날 좀 열심히 걷는 방법도 괜찮을 듯합니다. 여행자 알베르게는 시설이 검증된 곳이니까요.

 슈퍼

호스텔 '순례자의 친구들' 가는 길에 대형 슈퍼마켓인 엘 아르볼이 있습니다. 호스텔에서도 가까운 편이에요. 가는 길에 장을 보고 가면 편하겠지만, 짐이 많다면 숙소에 짐을 풀고 장을 보러 나가기도 괜찮은 거리입니다.

이 마법진 위에서 셔플 댄스를 추고 주문을 외우면,
마법의 고양이가 튀어나와 같이 춤을 추어 줍니다.
단 와인 한 병을 원샷하고 해야 돼요.

이런 길은 신발을 적시지 않고 건너기가 어렵습니다.
풀잎을 밟고 강을 건너는 재주를 배워 온다면 혹 모르지만요.

9
비야프랑카에서 토레메히아
Villafranca de los Barros to Torremejia

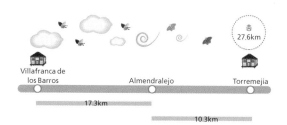

총
27.6km

Villafranca de
los Barros   Almendralejo   Torremejia

17.3km

10.3km

비가 계속 내립니다. 장대비가 쏟아지는 건 아니지만, 해가 나질 않는군요. 비가 오는 날은 걷기가 유난히 힘든 것 같아요.

길을 지나다 길가에서 재미있는 표지판을 발견했습니다. 귀여운 짐승 두 마리가 뛰어노는 그림이네요. 앞에 달리는 토끼는 좀 긴장한 느낌이고, 뒤에 쫓아 가는 켈베로스인지 헬하운드인지 모를 앙증맞은 녀석은 여유가 넘치는군요.

'만약 이곳에 토끼가 없다면….'

순례자들도 안전하진 않군요. 토끼가 표지판 읽고 주의할 것 같지 않으니, 아마 사람 보라고 설치해 둔 표지판이겠죠. 비 오는 날엔 모자를 눌러 쓰고 걷습니다. 그래서 시야가 좁죠. 빗소리 때문에 누가 가까이 다가오기 전까진 알아차리기도 힘들어요. 이런 날 저런 커다란 녀석이 토끼 사냥을 나왔다가 절 발견한다면…. 아주 위험한 상황이 닥치고 말겠죠. 귀를 기울이니 빗방울이 떨어지는 소리가 들리는군요. 우선 안심입니다. 긴장을 해서인지 달팽이처럼 발걸음이 마냥 느려집니다.

인적이 드문 길에 차가 세워져 있군요. 차는 보이는데 사람은 안 보입니다.

'설마 그 녀석이 나타난 건가?'

이런 망상일지 예상일지 모를 생각을 하며, 질퍽한 황토 길을 따라 걷습니다. 마을에 거의 다 도착했을 무렵. 귀엽게 생긴 동물을 만났습니다. 말치곤 다리가 좀 짧은 거 같고, 당나귀보단 튼실해 보이는 이 녀석. 노새인가요. 헤어스타일도 범상치 않고, 좀 놀게 생기긴 했습니다. 이 녀석이 지나가는 절 부르더군요.

"야, 당근 있냐?"

노새. 노새군요.

"나는 당근이 없지만, 앞으로 걸어올 사람 중에 누군가가 당근을 가져올지도 모르지. 그나저나 머리는 어디서 했어?"

당근이 없다는 말에, 고개를 휙 하고 돌려버립니다. 머리는 아마 동네 단골 미용실에서 했겠죠? 다음에 다시 이 마을에 들르면 미용실을 한번 가봐야겠어요.

 코스 공략

이 코스는 황토 길이 대부분인데, 빗물로 땅이 질퍽거렸거든요. 흙이 신발을 자꾸 물어서, 한 걸음 내딛을 때마다 힘이 두 배로 들었습니다.

가다 보면 아직 마을이 나올 때가 아닌데, 신기루처럼 마을이 보입니다. 30분이면 도착할 듯 보였는데 두 시간을 열심히 걸어서 겨우 도착했네요. 오는 길이 경사를 못 느낄 만큼의 평지라, 맑

흙이 신발을 꽉꽉 뭅니다.

은 날에 땅이 단단히 굳어 있다면 편히 걸을 수 있는 길입니다. 마을에 거의 다 도착했을 때, 다리가 보이는 지점에서부터 화살표가 드물어요. 기찻길 위에 있는 다리를 건너 마을로 들어가시면 됩니다.

토끼가 두 걸음이면 따라 잡히겠군요.
어쩌다 저 두 동물이 같은 숲에 살게 된 걸까요?
어휴, 차마 다음 장면은 못 보겠어요.

숙소

이용 요금 **10유로(조식 2유로)**
인터넷(Wifi) 사용 가능
주방 사용 가능

다리부터 끊겨버린 노란 화살표를 찾아 마을로 들어
옵니다. 마을 초입에 노란 화살표가 하나 보이는군요.
따라서 길이 거의 끝날 때까지 가면, 오른쪽에 엑스트
레마두라 대로Avenida Extremadura가 보입니다. 슈
퍼마켓인 디아의 건너편 골목으로 들어가서 앞으로
계속 가면 성당이 보입니다. 성당 바로 옆에 알베르게
가 있어요. 혹시 마을에서 길을 잃었다면, 성당을 물
어 찾아가시면 됩니다.

이 길을 따라 주욱 가면
슈퍼마켓이 있어요.

 슈퍼

엑스트레마두라 대로를 따라가면, 대형 슈퍼마켓인 디아가 나옵니다.
숙소에서 멀지 않아서 좋아요.

슈퍼는 숙소와 가까워요.

10
토레메히아에서 알후센
Torremejia to Aljucen

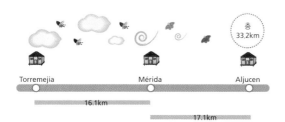

총
33.2km

Torremejia   Mérida   Aljucen

16.1km

17.1km

비가 별로 내리지 않았어요. 좀 규모가 있는 메리다Mérida 마을에 도착할 때까진 말이죠.

저는 커다란 배낭을 메고, 지팡이를 들고 거리를 지나갑니다.

우산을 쓰고 지나가는 사람들이 저를 보곤 쑥덕거리는군요.

"어머? 카미노 걷는 사람인가 봐."

도시에 도착해, 쉬려고 알베르게를 찾았는데! 오후 네 시부터 문을 여는군요.

비가 저의 안타까운 심정을 대변하듯 엄청나게 퍼붓는군요. 알베르게 앞엔 비를 피하며 앉아 있을 곳도 없습니다. 결국 가장 가까운 곳에 보이는 지하 주차장으로 일단 피했어요. 배낭을 내려놓고, 딱딱한 빵을 씹으며 고민합니다.

'세 시간을 기다릴까. 네 시간을 걸을까.'

어차피 갈 길. 기다리는 것보다 걷는 것을 택했습니다. 비가 많이 내리지만, 정말 다행인 건 황토 길이 아니라, 도로와 모래길이라는 점입니다.

'그래. 30킬로미터면 별거 아니야. 얼마 전에도 걸었잖아.'

확실히 따스한 햇살을 받으며 걷는 30킬로미터와, 장대비를 맞으며 걷는 30킬로미터는 다르네요. 빨리 쉬고 싶었어요. 젖으면 젖을수록 몸은 더 무겁게 느껴졌거든요.

'앗! 마른 바닥이다!'

영업을 하지 않는 카페의 입구. 지붕 덕분에 바닥이 젖지 않았군요. 덕분에 잠시 쉬어갈 수 있었습니다. 한걸음 한걸음 힘을 내서 걸었지만, 마치 뫼비우스의 띠를 걷는 듯한 기분이군요. 엘카라스

칼레호El Carrascalejo라는 마을 입구에 도착하자 아주 시끄럽습니다. 엄청난 양 떼가 울어 대고 있었거든요. 제가 길을 지나가자, 개까지 짖어 대네요. 그들의 하드 코어 공연에 장대비 소리마저 묻혀 버립니다.

"나는 양! 나는 양! 나는 개! 나는 개! 멍멍! 양양!"

'양들을 침묵시켜 버리고 싶군.'

소음을 피해 빠른 걸음으로 걸으니, 드디어 목적지인 알후센 Aljucen에 도착했습니다.

'아, 빨리 쉬고 싶다.'

습관대로 화살표를 따라가니, 마을이 끝나버리는군요. 지나가는 차를 붙잡고 알베르게 위치를 물었습니다.

"왔던 길로 되돌아가게."

한참 내려왔는데 언덕 꼭대기에 있는 거군요.

아까 울던 양처럼 감정을 실어 기합을 넣고, 언덕을 다시 올라 알베르게에 들어갔습니다. 춥기도 하고, 몸이 여기저기 쑤시는군요.

'찜질방이라도 있으면 좋은데….'

찜질방은 아쉽게도 없지만, 이 동네엔 목욕탕이 있습니다. 산티아고 걷는 사람에겐 할인도 해 줘서 오랜만에 피로를 풀기 좋은 곳이죠. 저녁을 먹고 목욕탕에 다녀오니 피로가 좀 풀렸어요. 탕에 들어가면 한 시간의 시간 제한이 있는 게 좀 특이했습니다.

코스 공략

이 코스는 지금까지 코스 중 제일 재미있는 구간이었어요. 다양한 종류의 길을 만났거든요. 처음엔 차가 쌩쌩 달리는 도로에서 시작합니다. 그리곤 발이 푹푹 들어가는 황토밭 길을 걷죠. 긴 돌다리가 있는 메리다에 도착해, 두드려 보지도 않고 돌다리를 건넙니다.

메리다는 꽤 큰 도시입니다. 세비야만큼은 아니지만 꽤 커 보여요. 공립 알베르게는 오후 4시부터 문을 연다고 합니다. 다음 도시인 엠바이스데프로세르피나Embaise de Proserpina까지는 자전거와 사람이 다니도록 도로가 잘 되어 있어요. 이 동네에 사는 사람들은 산책하기 좋겠어요. 예쁜 산책로가 호수를 따라 이어지거든요.

마을을 지나면 다시 숲길로 접어듭니다. 숲길을 따라 계속 걸으면 엘카라스칼레호 마을이 나오고, 좀 더 걸으면 알후센이 나와요. 알후센의 슈퍼는 오후에 문을 닫지만, 식당은 문을 엽니다. 이 동네엔 목욕탕이 있어서 피로를 풀기 좋아요.

다양한 종류의 길을
만났어요.

숙소

이용 요금 **10유로**
인터넷(Wifi) **사용 불가능**
주방 **사용 가능**

알후센 알베르게에 가려면, 성당에서 오른쪽 언덕으로 올라가야 합니다. 올라가다 보면 반가운 노란색 화살표가 보여요. 성당에서 왼쪽으로 내려가면 산티아고 진행 방향입니다.

알베르게 입구

 슈퍼

알후센에는 오후에 문 여는 슈퍼마켓이 없습니다. 식사를 하려면 바 세르지오Bar Sergio에 가야 하죠. 바 세르지오에서 저녁을 먹었습니다. 샐러드와 수프, 빵 그리고 오믈렛이 나왔어요. 과일과 물, 와인도 제공되고요. 가격은 12유로였습니다. 역시 해 먹는 게 싸죠?

저녁 비용은 12유로

메리다 마을 약도

알후센 마을 약도

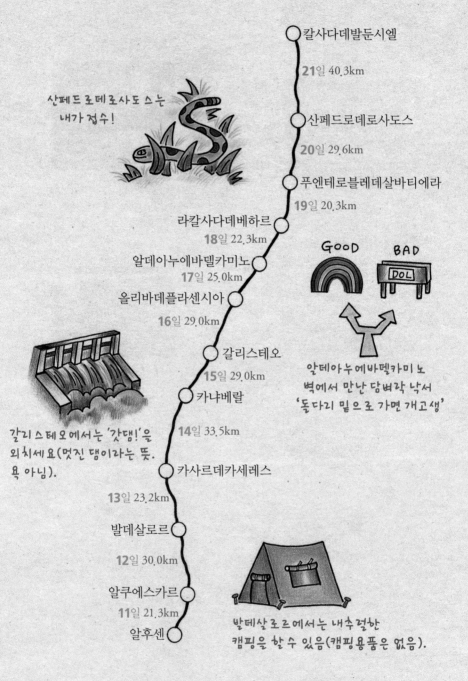

산페드로데로사도스는
내가 접수!

칼사다데발둔시엘
21일 40.3km

산페드로데로사도스
20일 29.6km

푸엔테로블레데살바티에라
19일 20.3km

라칼사다데베하르
18일 22.3km

알데아누에바델카미노
17일 25.0km

올리바데플라센시아
16일 29.0km

갈리스테오
15일 29.0km

카냐베랄
14일 33.5km

카사르데카세레스
13일 23.2km

발데살로르
12일 30.0km

알쿠에스카르
11일 21.3km

알후센

GOOD   BAD
            DOL

알데아누에바델카미노
벽에서 만난 담벼락 낙서
'돌다리 밑으로 가면 개고생'

갈리스테오에서는 '갓댐!'을
외치세요(멋진 댐이라는 뜻.
욕 아님).

발데살로르에서는 내수럴한
캠핑을 할 수 있음(캠핑용품은 없음).

2장

소풍 나온
강아지마냥 신났다

알후센에서 칼사다데발둔시엘까지

11
알후센에서 알쿠에스카르
Aljucén to Alcuéscar

Aljucén

Alcuéscar

총
21.3km

전날 목욕탕에서 피로도 풀고, 아침에 늦잠도 자고 일어나서 기분 좋게 출발했습니다. 오늘도 비가 계속 내리는군요. 마을을 빠져나가는데 공사 중 표지판이 보입니다.

'어휴. 삽질은 힘들지. 비오는 날 밖에서 일하려면 힘들겠어.'

이 표지판이 순례자의 모습을 그려 놓은 것이라면, 사람이 들고 있는 것은 삽이 아니라 지팡이겠죠. 바닥에 보이는 건 배낭일 겁니다. 길에서 자작대다가 어깨 끈이 끊어져 버린다면, 딱 이 표지판에 나온 포즈가 되겠어요.

'어휴. 그럼 나도 여기서 배낭처럼 퍼지고 싶을 거야.'

비가 제법 내려서 모자를 타고 빗물이 흘러내립니다.

'다행이군. 배낭은 멀쩡해서.'

도로와 모래길은 비가 내리는 날에도 걷기 좋습니다.

국립 공원을 거닐다 보니, 소가 보입니다. 사람이 자주 다니진 않는지, 절 호기심 어린 눈빛으로 쳐다보는군요.

'인간이네? 언제 봐도 신기하군. 두 발로 걷다니.'

어떤 녀석은 오직 풀 뜯어먹는 데만 관심이 있습니다. 비가 내리는데도 아랑곳하지 않아요. 하긴 비 온다고 밥 굶을 순 없죠. 저도 얼마 안 가서 배가 고파 잠시 쉬었습니다. 다행히 그때는 비가 잠시 그쳐 주더라고요. 덕분에 편하게 점심을 먹었습니다. 알쿠에스카르 Alcuéscar 마을에 도착할 쯤엔 오랜만에 파란 하늘이 얼굴을 비췄어요.

'날씨 좋을 땐 파란 하늘을 봐도 별 감흥이 없었는데.'

요즘 계속 비 맞고 구름만 보며 움직이다 보니 기분이 다르더라고요. 소풍 나온 강아지마냥 신났습니다.

황토 길이 아니라, 걷기가 편합니다.

중간에 지나는 코르날보Cornalvo 국립 공원에는 나무가 특히 많아서 기분이 좋았어요.

국립 공원 길을 거닐면, 노란색이 아닌 보라색 화살표가 눈에 띄는데, 그 뒤편 나무에는 노란색 화살표도 보입니다. 그리고 중간 중간 문을 열고 지나가야 하는 부분이 나와요. 문을 열고 들어가면 꼭 닫아 주세요. 동물들이 멀리 떠나면 찾으러 가기 힘드니까요.

이 코스는 큰 경사가 없어 편안한 코스였습니다.

이 화살표 뒷편 나무에
노란색 화살표가 있어요.

숙소

이용 요금 **기부금**
인터넷(Wifi) **사용 불가능**
주방 **사용 불가능**

마을 초입(?)의 언덕을 오르다 보면, 노란 글씨로
'알베르게는 오른쪽'이라고 표시가 되어 있습니다.
화살표만 따라서 가면 알베르게가 나와요. 이곳은
1940년쯤에 신부님 한 분이 학교로 지은 건물입니
다. 그 신부님 생일이 저와 같더라고요. 하하.

알베르게. 원래는 학교였대요.

알베르게 안내 표지판을 보았을 땐 금방 나오겠지 기대했는데, 한 시간 가까이 걸렸네요.
이 알베르게는 수도원입니다. 오후 2시 반부터 5시까지는 시에스타 시간이라 문이 잠겨
있습니다. 전 오후 3시에 도착했습니다. 토요일이라 그런지, 앞에서 서성이니까 신부님이
열어 주시더라고요.
제가 이곳에 묵을 땐 약한 신호의 인터넷도 하나 잡혀서, 잠깐이나마 인터넷으로 일기예보
도 찾아봤죠. 이곳 수도원에선 저녁 7시 반에 다함께 저녁을 먹습니다. 맛있었어요. 방도
독방을 주셔서 편하게 잘 쉬었어요.

 ## 슈퍼

알베르게 앞 사거리에서 오른쪽의 바 알타 쿠에스타Alta Cuesta 방향으로 꺾어서 직진합
니다. 한참 가다 보면 바사르 모암메드Bazar Mohammed가 보이는데요, 이 상점을 지나자
마자 오른쪽으로 꺾어 언덕을 올라가면 슈퍼마켓이 있습니다. 체인점인 디아도 있고, 바로
옆에도 슈퍼가 있어요. 올라가는 길에 과일과 생선을 파는 상점도 보였습니다. 상점 밀집
지역이에요.

이 상점에서 오른쪽으로
꺾어 언덕을 올라가세요.

헤매지 않고 숙소에 도착하는 날은,
성모 마리아상 앞에서 만세 삼창이라도 하고 싶어집니다.
만세! 만세! 만세!

12
알쿠에스카르에서 발데살로르
Alcuéscar to Valdesalor

총
30.0km

Alcuéscar   Casas de Don Antonio   Aldea del Cano   Valdesalor

10.5km

7.5km

12km

그리 힘들지 않은 숲길을 걸어갑니다. 신선한 공기와, 푸른 하늘이 절 반겨 주죠. 맑은 날 걸었다면 그랬을 겁니다.

며칠 계속 내리는 비로 인해 상황이 좀 달랐죠. 이 길이 사람이 다니는 땅 길인지, 물고기가 다니는 물길인지 분간이 안 갈 정도였습니다. 신발은 초반에 발목까지 물에 푹 담가졌고, 비를 계속 맞아서, 몸도 다 젖었습니다.

'찌익, 턱. 찌익, 턱.'

무거운 발걸음을 옮길 때마다 괴기스러운 소리가 나는군요. 소리 때문인지 말 한 마리가 절 따라옵니다.

"형, 그거 뭐야? 소리 나는 신발 산 거야? 신기하다, 신기해."

오 분을 넘게 따라오는군요.

"야! 말이 신을 만한 신발은 나한테 없어."

그 이야기를 들으니 시무룩한 표정으로 풀을 뜯습니다.

'배낭도 무거워 죽겠는데 무슨 신발 타령이야….'

냇가가 되어버린 길을, 신발을 뗏목삼아 건넙니다. 신발은 마를 새가 없었죠. 이리로 피해 보고, 저리로 건너 봐도, 바닥은 물, 물입니다.

'여긴 아쿠아 슈즈나, 장화를 신고 걸어야 하는 건데…. 아, 찝찝해.'

게다가 어깨는 무거운데, 잠시 쉴 곳도 보이지 않는군요.

'다음에 걷게 되면 꼭 짐을 줄여야지.'

다시 한번 다짐을 하며 움직이다 보니 비를 피할 만한 나무가 보이는군요. 다행히 점심 때쯤에는 비가 오 분 정도 그쳤습니다. 나무 밑이니 비가 좀 와도 빵을 먹는 데 무리는 없었지만, 그래도 비가 안 오는 게 더 좋아요. 먹으니 힘이 나는군요.

보통은 길 안내 표시를 따라 갑니다. 하지만 이날은 딱히 표시를 찾을 필요가 없더군요. 물이 흐르는 방향을 따라 걸으면 마을이 나오거든요.

뜻하지 않게 물 구경을 많이 한 날이에요.

 코스 공략

물이 아니라면, 코스에서 힘든 부분은 없습니다. 중간에 도로 밑 굴다리를 지나는 부분이 있는데, 굴다리를 지나면 화살표가 안 보입니다. 그러나 두 갈래 길이에요. 왼쪽 길은 고속도로 옆으로 나 있는 오르막길, 오른쪽 길은 숲길입니다. 그 갈림길에선 오른쪽으로 가시면 돼요.

오른쪽? 왼쪽? 오른쪽!

숙소

이용 요금 **무료**(비수기라 그런 듯합니다)
인터넷(Wifi) **사용 불가능**
주방 **사용 불가능**

발데살로르에 알베르게가 있다는 정보를 가지고 왔
으나, 공사중이었습니다. 비를 쫄딱 맞은 상태로 빨
리 쉬고 싶었죠. 다행히 물어 물어 한참 만에 캠핑장
에 도착했습니다.

캠핑장이라 난방 시설과, 침대를 기대할 순 없었어
요. 하지만 시간이 오후 네 시가 넘었고, 신발까지 다
젖은 상태로 다음 도시까지 걸어가기는 무리였어요.

캠핑장입니다. 텐트는 없죠.

어릴 때 체육 시간에 쓰던 매트리스가 있어서, 그 위에 침낭을 깔고 잤습니다. 전기도 들어오
고, 샤워기에 뜨거운 물도 잘 나와요.

 슈퍼

캠핑장 들어가는 골목에 구멍 가게가 있습니다. 세탁이라고 붙여져 있어서 찾기 쉬워요.

보기에 튼튼해 보이지만 조심해야 합니다.
덥썩 무게를 실어 발을 내딛었다간 꽝이 걸릴 수 있거든요.
꽝을 뽑으면 처음부터 다시 해야 되는 거 아시죠?

나에게 멋진 신발을 선물한다면,
옆 마을까지 노래를 부르며 배웅해 주겠어.
배낭을 대신 매 주거나, 등에 태워 주진 않을 거야.
당신은 걸으러 왔을 테니까.

13
발데살로르에서 카사르데카세레스
Valdesalor to Casar de Cáceres

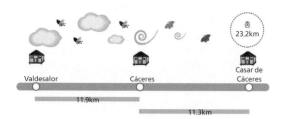

총
23.2km

Valdesalor — Cáceres — Casar de Cáceres

11.9km   11.3km

"빵에다 크림 치즈를 듬뿍 발라 먹는 건 역시 맛있군."

침낭을 목도리처럼 두르고, 아침을 먹었습니다. 추워서 소화가 잘 안될 것 같아 꼭꼭 씹었죠. 아침을 먹고 나면, 다시 길을 걸어야 합니다.

주위를 둘러보니, 전날 널어 놓은 빨래가 보이는군요. 양말 두 켤레가 여전히 마르지 않았습니다. 어제 신었던 양말은 푹 젖었죠. 제가 가진 양말은 이 세 켤레뿐입니다. 덜 마른 양말을 신을지, 젖은 양말을 신을지 잠시 고민했습니다.

'오늘도 비가 올 테고, 바닥도 젖었을 텐데 뭐.'

전날 신었던 양말을 신기로 결정했죠. 젖은 양말을 물에 빨고, 꼭 짜서 신었습니다. 그리고 젖은 신발을 신었어요. 마른 양말 신고, 젖은 신발을 신으면 신발 신을 때 아주 찝찝하잖아요. 젖은 양말에 젖은 신발은 참 괜찮은 조합입니다. 신발.

밤새 추위에 떨어 굳은 몸으로 주섬주섬 짐을 챙겨 길을 떠났어요. 십 분도 채 못 걸었을 때 발목까지 물에 푹 잠기네요.

'젖은 양말을 신길 잘했군. 어차피 젖을 거였어.'

젖은 발끝으로 자연을 느끼며 자작거리다 보니, 큰 도시가 나오는군요.

'저 사람은 뭔데 저러고 돌아다녀?'

우산을 쓴 사람들이, 호기심에 한 번씩 쳐다보며 지나갑니다. 사람이 많이 지나다니는 길에선, 덩치 큰 배낭과 지팡이 때문에 조심히 걸어야 하죠. 숲길을 걸을 때처럼 지팡이를 이리저리 휘저으며 가다가는, 눈먼 지팡이가 죄 없는 사람을 해칠지도 모르니까요.

조심조심 이동하다 보니 비를 피할 수 있는 곳이 보입니다. 괜찮은 카페가 보이면 들어가서 핫초코라도 한잔하고 가려고 했는데, 일단 당장 어깨가 무거우니 카페를 찾을 생각도 안 드는군요. 비를 피한 곳은 문을 닫은 상점 앞이었어요.

'여긴 하루만 영업을 안 하는 걸까? 아니면 망했나?'

아무튼 전 배낭을 내려놓고, 군것질거리를 꺼내 먹었어요. 앉아서 군것질을 하며, 행인들을 구경했습니다. 천천히 걷던 사람들이 왜 제 앞을 지날 때면 빠른 재생 모드로 걸어가는 걸까요.

빗발이 좀 약해지길 기대했지만, 그대로군요. 비를 맞으며 계속 걷습니다.

'쒜에에에엥!'

도시의 차들은 빗길을 사납게 달립니다.

그리곤 저의 오른쪽 다리에 물을 들이붓고 지나가네요.

'뭐 어차피 젖은 거지만 그리 유쾌하진 않군. 그나저나 분명 이쪽이 맞는데….'

길을 잃었어요. 다행인 건 제가 가려는 마을 이름을 안다는 사실 하나뿐이었죠. 다행히 맞은편에 사람이 걸어오는군요.

"저. 안녕하세요."

인사를 건네자, 한 발 물러서며 경계를 합니다.

'동네가 삭막한 거야? 내 꼴이 삭막한 거야?'

다행히 비명을 지르며 달아나지는 않더라고요. 그래서 가려는 마을 위치를 물었죠.

"네. 쭉 가시면 돼요."

가다 보니 바닥에 어설픈 노란 화살표가 하나 보입니다. 안내 방향으로 계속 걸으니, 고속도로에 들어섰어요. 차들은 쌩쌩 달리며 물을 튀깁니다.

'아…. 이건 좀 아닌데.'

도로를 따라 한참을 걷다가, 마을에 도착할 무렵 하늘에 구멍이 났습니다. 속옷까지 젖을 정도로 비가 내린 적은 없었는데, 하늘에 구멍이 나고 3초 만에 속옷까지 모두 젖어버렸습니다.

공장 앞 주차장에서 잠시 비가 그치길 기다려 봅니다. 빵 여섯 개가 들어 있는 봉투에서 빵을 꺼내 점심에 세 개를 먹었고, 이번에 두 개를 먹습니다. 비가 조금 약해지는군요. 젖은 몸으로 덜덜 떨면서 계속 걸었습니다. N-630도로를 따라 계속 걸으니 목적지인 카사르데카세레스 안내판이 보이는군요.

"아저씨. 카사르데카세레스가 어디예요?"

스페인어로 "Casar de Cáceres?"라고 물어보니 아저씨가 오른쪽으로 쭉 가랍니다. 주유소에서 오른쪽으로 꺾어 한참을 걸어가니 드디어 마을이 보이네요. 옆에 차가 지나가서 물었습니다.

"이보시오. 여기가 진정 내가 찾는 카사르데카세레스요?"

차에 찬 그들은 고개를 끄덕이며 웃어 보입니다. 고맙게도 알베르게 쪽으로 가는 길이라며 태워다 주시는군요. 덕분에 마을에서 알베르게까진 편히 갔습니다.

알베르게에 도착해 짐을 풀며 보니, 배낭 속의 옷가지까지 모두 젖었군요. 며칠째 계속되는 비와 추운 날씨 때문인지, 손이 간질간질한 게 좀 이상합니다.

'그래. 이런 기후라면…. 버섯이 자라기 딱 좋겠어.'

저는 버섯 인간이 되는 걸까요?

일단은 가벼운 동상이려니 하고 넘겼습니다. 날씨가 참 좋아요.

이런 날은 실내에서 따뜻한 차 한잔 마시면서, 간혹 창밖을 바라보면 운치가 있죠.

코스 공략

물길을 따라 쭈욱 걸어가니 큰 도시 카세레스가 나옵니다. 마을에 들어가면 안내가 제대로 되어 있지 않아요. 계속 큰길을 따라 직진하면 됩니다. 직진을 하다 보면, 호텔 엑스트레마두라Extremadura가 보입니다. 지나서 계속 가면 고속도로예요. 다행인 것은, 고속도로 옆에 자전거 도로가 나 있다는 겁니다. 우리의 친구 N-630도로를 따라 걸으면 카사르데카세레스 산업단지가 나오고, 지나서 조금 더 걸으면 주유소가 있습니다. 그 주유소를 지나자마자 오른쪽으로 꺾어서 쭉 가면 마을이에요.

주유소를 지나자마자 오른쪽으로 꺾어서 쭉 가세요.

숙소

이용 요금 **기부금**
인터넷(Wifi) **사용 불가능**
주방 **사용 가능**

길 안내 표시를 따라, 라르가알타Calle de Larga Alta 길을 따라 쭈욱 걸어갑니다. 그럼 스페인 광장Plaza España이 나와요. 오른쪽을 보면 알베르게가 있습니다.

여기서 오른쪽을 보면 알베르게

 슈퍼

알베르게 가는 길에 작은 상점이 모여 있습니다. 한참 걸어가면 대형 슈퍼마켓인 디아가 있지만, 가까운 곳이 좋죠.

14

카사르데카세레스에서 카냐베랄
Casar de Cáceres to Cañaveral

총
33.5km

Casar de
Cáceres

Cañaveral

정성을 다해 신발을 말렸습니다. 신문지도 구해서 계속 갈아 주며 라디에이터 위에 놓았죠. 이리 돌리고, 저리 돌리고 자주 방향을 바꿔 주었더니 아침에 신발이 뽀송합니다. 정성이 하늘에도 닿았는지, 아침부터 아주 맑은 하늘을 만났어요.

한참을 걸어도 마을이 안 나옵니다. 중간에 헤매면서 시간을 많이 잡아먹어서일까요? 물도 다 마시고 점점 지쳐갑니다. 마을이 보일 때 한 번 더 길을 잃었습니다. 분명 노란 화살표를 따라왔는데, 한참을 빙 돌아가는 길이더라고요. 마을까지 무사히 도착하긴 했지만, 시간이 엄청 오래 걸렸습니다. 순례를 시작한 이래 제일 긴 시간인 열 시간을 걸었죠. 그래도 어제 하늘이 무너졌을 때 걷던 것보다 나았습니다. 이렇게 긴 거리를 걸을 때 비가 안 와서 정말 다행이에요.

코스 공략

오늘 코스는 지금까지 걸었던 거리 중에서 가장 긴 코스죠. 만약 비까지 왔다면, 정말 힘들었을 거예요. 가는 도중에 길을 자꾸 잃었거든요.

처음 길을 잃었던 건, 공사 중인 구간이었습니다. 이정표를 따라 직진을 하면, 숲길이 나오죠. 그 길을 내내 따라가면, 길이 점점 사라집니다. 그리고 나갈 수도 없게 울타리로 막혀 있죠. 결국 갔던 길을 되돌아왔습니다.

공사 구간에서는 숲길이 아닌 도로를 따라가면 중간에 노란 화

도로길이 밋밋하면 자연의 길로 가죠.

살표를 발견할 수 있습니다. 중간쯤 가면, N-630도로로 길이 이어집니다. 이 길을 따라 걸어가는 코스죠.

　도로를 걸어가는 게 좀 밋밋하다면, 도로 오른쪽에 자연의 길 Camino Naturales을 따라 걷는 것도 괜찮습니다. 좀 경사가 있지만, 경치가 좋거든요. 두 번째 다리를 건너고 이어지는 자연의 길로 접어들었다면, 언덕 위에서 갈림길을 만나게 됩니다. 원래 길인 N-630 도로와 멀어지게 되면 길을 잃을까 봐 왼쪽 길로 갔는데, 길의 끝에 가면 다시 돌아 올라가라는 노란 화살표를 만나게 됩니다. 갈림길에서 오른쪽으로 가면 맞는 길인 거죠.

숙소

이용 요금 **기부금**
인터넷(Wifi) **사용 불가능**
주방 **사용 가능**

카미노 화살표를 쭉 따라오시다가 호스텔 말라가
Hostel Malaga 바로 전에 골목이 보입니다. 가브리
엘과 갈란 길Calle de Gabriel Y Galan로 들어가시면
돼요. 주소는 **3**입니다. 문 앞에 아무런 표시도 없지
만, 올라가면 알베르게가 있어요. 시설은 그리 좋지
않지만, 하룻밤 묵어가기엔 충분한 곳이에요.

문 위 3자를 잘 보셔야 해요.

 슈퍼

성당 앞에 있습니다. 규모는 작아요.

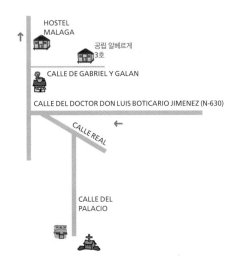

이 노란 불도저가 지나간 자리는 평평하고 황량한 바닥만 남습니다.
지나간 자리에 나무가 자라나는 녹색 불도저는 없을까요?

15

카냐베랄에서 갈리스테오
Cañaveral to Galisteo

총
29.0km

Cañaveral

Galisteo

오늘은 시작부터 몸이 피곤합니다.

어제의 피로가 쌓인 것인지, 배낭에 음식을 평소보다 더 챙겨 나와서인지 모르겠습니다. 무게를 줄이려고, 점심시간에 물을 반 정도 마셨죠. 그래도 여전히 피곤합니다. 눈도 침침하고요.

오후 두 시쯤 송아지만 한 개가 짖으면서 달려옵니다. 제 주위를 맴돌며 경계하는군요. 배낭엔 양을 담을 공간도 없는데, 저를 양 도둑놈으로 몰아갑니다. 왜 피곤한지 그때서야 알았습니다. 전날 마시다 남은 샹그리라를 아침 먹으면서 마셨더니, 그것도 술이라고 술기운이 올라서 힘들었던 거였네요. 개가 짖는 소리가 들리지 않을 때까지 지팡이로 몸을 감싸고, 조심히 걸었습니다.

'앗! 저건 댐이잖아?! 다리도 없는데, 설마 헤엄쳐서 건너라는 건 아니겠지.'

다행히 댐의 옆 쪽으로 길 안내가 되어 있습니다. 표시를 따라 따라가니, 길은 없고 물만 있군요. 며칠 동안 비가 내려서 댐에서 물을 내보내고 있나 봅니다. 신발을 벗고, 한 걸음 내딛었습니다.

'맙소사.'

아직 겨울이 지나간 게 아닌가 봅니다. 뼛속까지 한기가 스미는 걸 참아가며, 무사히 건너편에 왔습니다. 발에서 시냇물 냄새가 나는군요. 양과 소의 냄새도 함께 말이죠. 한 30분 더 걷고 쉬려고 했는데, 덕분에 좀 일찍 쉬게 되었습니다. 앉아 쉬는 건 역시 좋군요. 이제 조금만 가면 마을이 나온다고 생각하니, 더 좋습니다.

마을이 보일 때쯤, 마지막 표시 이후로 15분을 걸어왔는데 왠지 속은 기분입니다. 마을은 분명 이쪽이 아닌데 자꾸 뒤로 돌아가라고 하니까요. 왔던 길을 다시 돌아가 길로 예상되는 곳으로 무작정 들어갔습니다. 언덕에 올라가니, 마을이 왼쪽에 하나, 오른쪽에 하나 보입니다. 왼쪽의 마을이 왠지 가려던 마을 같아서 왼쪽으로 농장을 몇 개 넘어갔습니다.

사람이 보여야 물어볼 텐데, 소랑 개, 그리고 양 떼만이 물끄러미 쳐다보고 있군요. 도저히 어디로 가야 할지 갈피를 못 잡고 있을 때 오토바이 소리가 들렸습니다.

'사람이구나!'

오른쪽을 보니 1킬로미터 정도 앞 언덕에 오토바이로 추정되는 물체가 지나가네요. 우선 사람이 다니는 곳으로 가야 방향을 알 수 있을 것 같아, 그쪽으로 방향을 잡았습니다. 농장을 몇 개 건너뛰고, 강도 건너고 언덕을 올라 드디어 길입니다. 언덕에 올라오니 아까 봤던 오른쪽 마을이 더 가까워 보이는군요. 원래 가려던 마을이 아니어도 상관없습니다. 일단 마을로 가서 쉬고 싶은 생각밖에 없었으니까요.

한참을 내려오니, 도로 앞에 반가운 노란 화살표가 보입니다. 저만 이렇게 농촌 체험을 하는 게 아닌가 봐요. 전혀 길이라고 볼 수 없는 곳에 화살표를 해 놓은 걸 보면 말이죠. 지나가는 차를 세워 물어보니, 앞에 보이는 게 제가 가려던 마을이 맞답니다.

거리상으로는 일곱 시간이면 되었겠지만, 헤매어서 저녁이 다 되어서야 도착했습니다.

코스는 약간 경사가 있지만 무난한 편입니다. 갈리스테오 마을 근처 까지는 길 안내도 아주 잘 되어 있어요.

중간에 그리말도Grimaldo 마을에 들르게 되는데, 마을에서 N-630도로를 따라가다가 왼쪽의 올구에라Holguera 방향으로 꺾습니 다. 계속 이동하다 보면 도로 밑으로 지나가는 길이 나와요. 도로 밑 을 지나서 바로 오른쪽에 반가운 카미노 길 안내 표시가 보입니다. 그 길을 따라가면, 갈리스테오 근처까지 편안히 갈 수 있습니다.

갈리스테오 근처에 오면, 사진에 보이는 '알베르게 오른쪽' 안 내가 새겨진 벽이 보입니다. 안내를 따라 계속 가라고 하죠. 그 길 을 따라 계속 가면 한참 걸어도 마을과 멀어지더군요. 그 표시가 나 오면 그 안내 바로 왼쪽의 농장으로 들어가서 언덕으로 올라갑니다. 언덕에서 마을이 왼쪽에 하나, 오른쪽에 하나. 두 개 보이는데요. 저 는 갈리스테오 마을이 왼쪽 마을일거라 추측하고 방향을 잡아서 실 패했어요. 오른쪽에 보이는 마을이 갈리스테오 마을입니다. 그러니 그 마을을 방향으로 잡고 가면 편안히(?) 갈리스테오 마을에 도착하 실 수 있습니다.

이 안내를 따라가면
마을과 멀어져요.

이 동물은 살아서는 인간에게 도움을 주고,
죽어서는 땅으로 돌아가 거름이 되었습니다.
인간은 이 고마운 동물에게 무엇을 해 주었을까요?

나는 소로 태어나서 담장 밖을 나가본 적이 없다.
어느 날 순례자가 지나가며 내 사진을 찍었고,
나는 내 사진이 잘 나왔는지 궁금해서 견딜 수가 없었다.
그래서 나는 바람이 되었다.

숙소

이용 요금 **5유로**
인터넷(Wifi) 사용 가능
주방 사용 불가능(싱크대, 식기 사용 가능)

마을에 들어와서 언덕을 올라가면, 삼거리에 눈에
띄는 빵집이 있습니다. 거기서 카미노 진행 방향으
로 걸어가면 루스티시아나 길Calle Rusticiana이 왼
쪽에 보여요. 좀 내려가면 알베르게 엘 트릴로El
Trillo가 있습니다.

여기가 알베르게 엘
트릴로예요.

 슈퍼

빵집에서 언덕을 올라가, 성 안으로 들어갑니다. 쭉
위로 올라가다가 오른쪽 골목 안토니오아센시오네
일라 길Calle Antonio Asensio Neila로 꺾어 들어가
면, 위에 미크로Mikro라는 간판이 보입니다. 거기가
슈퍼마켓이에요.

안토니오아센시오네일라
길로 꺾어 들어가세요.

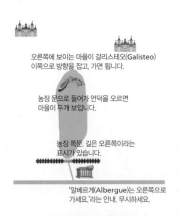

갈리스테오 마을 찾기

갈리스테오 마을 약도

16

갈리스테오에서 올리바데플라센시아
Galisteo to Oliva de Plasencia

총
29.0km

Galisteo   Carcaboso   Oliva de Plasencia

11km

18km

"삑삑. 삑삑. 삑삑."

알람 시계가 울립니다.

'아직 난 피곤한데, 알람을 잘못 맞췄군.'

다시 눈이 떠질 때까지 한 시간을 더 잤죠. 아침부터 몸이 뻐근합니다. 피로가 쌓였나 봐요. 느긋하게 나와서 길을 걷기 시작합니다. 우선 로마식 다리를 건너 이정표를 확인하고는, 찻길을 따라 카르카보소Carcaboso까지 걸었습니다.

비닐하우스에서 뭘 키우나 봤더니 배추인가 보군요. 도시로 내다 팔려는 것인지 트럭에 싣고 있습니다. 김치찌개가 땡기네요. 카르카보소에서 이정표를 따라 계속 걸으니, 숲길이 시작됩니다. 아직 한참 걸어야 되는데 온몸이 쑤시는군요. 급기야 몸에서 빨간 신호가 옵니다.

'윽, 아킬레스건이…. 헥토르 동생 이 녀석을 그냥!'

상태가 더 나빠질까 봐 천천히 걸었습니다. 이럴 때 저를 노리는 개를 만나면, 반격도 못해 보고 당했을 텐데 다행히 개가 안 나왔어요. 일단 빨리 숙소에 가서 좀 쉬고 싶군요. 숲길을 통과해 나오니,

'쉬었다 가시겠습니까?'

라고 묻는 듯한 분홍색 푯말이 저를 유혹합니다.

'몸 컨디션도 안 좋고, 오늘은 일단 쉬자!'

직진을 하지 않고 알베르게 안내 표지판을 따라 걸었습니다.

'곧 나오겠지.'

아킬레스건이 아파 약간 어색하게 걷고 있는 저를 보며, 차들은 쌩쌩 달려갑니다. 숲길을 걸을 때는 혼자 걸어가는 소가 야박해

보이지 않았어요. 하지만 빠르게 스쳐 지나는 자동차들은 왠지 인정 없어 보이더군요. 몸이 아파서 그랬을 겁니다. 금방 나올 것 같던 알베르게에는 한 시간 반이 넘게 걸려서 겨우 도착했습니다.

왠지 분홍색 표지판에 속은 기분이에요.

코스 공략

갈리스테오에서 노란 화살표를 찾을 순 없지만, 알베르게에서 나와 왼쪽 방향으로 내려오면 로마식 다리가 있습니다. 다리를 건너 이정 표를 보고 카르카보소 방향으로 걸으면 돼요. 카르카보소에 도착하면 비로소 반가운 노란 화살표를 볼 수 있죠.

화살표를 따라가면 빨간 지붕 집 앞에 갈림길이 나옵니다. 둘 다 같은 출구로 나오니 원하는 길로 가면 돼요. 직진하는 게 거리가 좀 짧다고 들었습니다. 숲길을 지나면, 은의 길 안내판과 함께 알베르게 표시가 나옵니다. 분홍색 알베르게 안내판이 가리키는 방향으로 6킬로미터가량 걸어가면, 올리바데플라센시아에 도착해요.

이 집 앞에 갈림길이 나와요. 둘 다 같은 출구로 나오죠.

숙소

이용 요금 **15유로**
인터넷(Wifi) **사용 불가능**
주방 **사용 가능**

문화 센터 건너편 알베르게 안내 표지판 방향을 따
라 골목으로 들어갑니다. 그럼 조그마한 스페인 광
장이 나오고, 또 분홍색 안내 표지판이 있어요. 그
골목길Calle Real로 들어가면 알베르게가 바로 보
입니다. 시설 깔끔하게 잘 되어 있습니다. 3층짜리
건물이에요. 화장실 천장이 좀 낮은 것 말고는 불편
한 점 없이 잘 쉬었습니다.

표지판을 따라 골목길로
들어가요.

 슈퍼

문화센터 건너편에 있습니다. 그런데 제가 간 날은 문을 닫아서, 아무것도 살 수 없었죠. 일
요일이 아니라도 문을 닫기도 해요.

17

올리바데플라센시아에서 알데아누에바델카미노
Oliva de Plasencia to Aldeanueva del Camino

총
25.0km

Oliva de Plasencia

Aldeanueva del
Camino

전날 술도 안 마셨는데 일찍 잠이 들었습니다. 열한 시쯤 큰 그룹이 알베르게에 들어오는 소리에 깼었지만, 따뜻하게 잘 자고 일어났죠. 아침도 든든히 먹고, 길을 가기 시작합니다. 몸이 가볍군요. 잠이 보약인가 봅니다.

숲길을 걸을 때는 조심해야 합니다. 땅이구나 싶어 밟았는데, 발목까지 푹 빠져버리는 수가 있거든요. 조심조심 가느라 발걸음이 더디지만, 몸 상태가 괜찮은 편이라 마냥 기분 좋게 걸었습니다.

물이 있는 곳엔 대부분 징검다리가 마련되어 있습니다. 비가 많이 온 뒤엔 소용이 없지만 말이죠. 비 때문에 불어난 시냇물이 콰르르 흐릅니다. 첫번째 시냇물은 요행으로 살짝 젖고 넘어갔지만, 그 다음에 나온 시냇물은 신발을 벗지 않고는 도저히 넘어갈 수 없습니다. 덕분에 발도 말릴 겸 좀 이른 시간에 점심을 먹었죠.

오늘 따라 해가 뜨거워 나무 그늘을 찾아 걸었습니다. 며칠 사이에 이렇게 날씨가 급하게 변할 줄은 몰랐어요.

"앗, 저건!"

길에서 무언가를 봤습니다. 화투장에 나오는 새예요. 일광에 도도한 포즈로 서 있는 그 새가 날아갑니다. 처음엔 마냥 신기했는데, 지나며 보니 이 길에는 그 새가 많이 살고 있군요. 새고 뭐고 일사병에 걸려 쓰러질 것 같습니다. 그늘이 보이면 쉬고 싶은데 그늘이 안 보이는군요. 한참을 움직이다가 다리 밑의 그늘에서 잠시 쉬었습니다. 위쪽으론 자동차가 지나다니고, 아래로는 그늘을 만들어주는 고마운 돌다리를 올려다봅니다. 친절하게도 돌DOL이라고 써 있네요. 딱 봐도 돌인데 말이죠. 건설 회사 이름인가 봐요.

잠시 쉬고 나니 좀 살 것 같습니다. 몸이 좀 식었어요. 아스팔트 위를 걸어서 더 뜨거운 것 같군요. 저 멀리엔 눈이 쌓인 산이 보이는데, 제가 걷고 있는 길은 열기가 후끈합니다.

그늘이 보일 때마다 자주 쉬지 않았다면 지금쯤 몸에서 통닭 냄새가 났을 거예요. 푹 익어버려서 말이죠.

어쨌든 무사히 숙소에 도착했습니다.

코스 공략

전날 올리바 데 플라센시아로 들어왔던 도로로 올라갑니다. 가다 보면 핑카Finca라는 이정표가 오른쪽으로 향해 있어요. 그 표시를 따라 조금 걸으면, 카파라Caparra라는 이정표가 있습니다. 그 길을 따라 쭈욱 가면 카파라가 나와요.

카파라 가는 길도 중간에 한번의 갈림길이 있는데, 두 곳 다 카파라로 통하는 길이라고 되어 있습니다. 저는 직진하지 않고, 오른쪽으로 갔어요. 오른쪽 길로 끝까지 간 후, 도로가 나오면 왼쪽으로 꺾습니다. 도로를 따라가다 보면 은의 길 안내판이 보여요. 그리고 숲길을 따라 걸으면 되죠.

숲길을 통과해서 나오면, 도로와 숲길 중 편한 길로 걸으시면 되는데요. 비가 온 후라면, 숲길이 많이 질퍽거려요. 잠시 주위 풍경을 바라보며 거닐다 보면, 어느샌가 신발이 젖기도 합니다.

길에 물이 너무 많을 땐 도로를 이용하는 것이 좋아요. 깔린 지

얼마 안 된 아스팔트 길을 지나면 갈림길이 나옵니다. 왼쪽 건물에 멋진 나무 그림이 그려져 있는 갈림길인데요. 직진하시면 됩니다. 이 길에 새가 여럿이 모여 살아요.

계속 가다 보면 고속도로 밑을 통과합니다. 그리고 이정표는 강을 건너라고 되어 있는데, 비가 온 뒤라면 강물이 많이 불어 있으니, 위쪽 도로를 이용하세요. 도로를 따라 계속 걸으면 오른쪽으로 가라는 표시가 있습니다. 고속도로 밑으로 통과하는 길인데요. 굴다리 앞에 그림이 그려져 있습니다. '굴다리 통과해서 가면 힘들 거야.' 라는 그림이죠.

비가 온 뒤에는 길 상태가 안 좋다고 들었어요. 그래서 저는 도로를 따라 걸었습니다. 식당 '팔릴라'가 보이고, 이정표를 따라 알데아누에바델카미노 방향으로 N-630도로를 따라 걷습니다. 이동하다 보면, 마을로 들어가는 이정표를 만나게 되고, 알베르게 안내를 따라가면 알베르게에 도착합니다. 코스 안내가 대체로 잘 되어 있는 편이었어요.

숙소

이용 요금 **기부금**
인터넷(Wifi) **사용 불가능**
주방 **사용 불가능**

마을에 들어와서 안내 표지판을 따라 쭉 오
다 보면 있습니다. 오른쪽에 로마 기둥이 보
일 때, 왼쪽을 보면 알베르게가 보여요. 침대
가 네 개밖에 없어서 성수기에는 일찍 도착
해야겠어요.

침대가 네 개밖에 없어요.

 슈퍼

알베르게에서 언덕을 따라 내려가면, 메르카
도 광장이 있습니다. 그 광장 오른편에 카르
멘 상점이 있어요. 주인 아저씨가 친근하고
마음에 들었어요.

카르멘 식당. 주인 아저씨가 참
친근해요.

7

'도로를 따라가면 평탄하고 길이 짧으며,
굴다리를 통해 가면 험난합니다.'
비가 온 다음엔 특히 심하다고 다른 순례자가 전해 줬어요.

담쟁이처럼 벽을 타고 자란 나무가 눈길을 잡아끕니다.
'이런 그림 같은 나무가 있다니!'
가까이서 보니 정말 그림이군요.
'이런 진짜 같은 그림을 그려 놨다니!'
제욱시스라도 다녀간 걸까요?

18

알데아누에바델카미노에서 라칼사다데베하르
Aldeanueva del Camino to La Calzada de Béjar

총
22.3km

Aldeanueva del
Camino

Baños de
Montemayor

La Calzada
de Béjar

9.8km

12.5km

평소보다 조금 늦잠을 잤습니다. 그래도 오늘은 짧은 거리라 부담이 없군요. N-630도로를 따라 바뇨스데몬테마요르Baños de Montemayor까지 걷는 길은 재미가 없습니다. 차가 달리는 도로를 걸을 땐 왠지 더 피곤한 것 같아요.

오늘부터 나흘 동안 걸으면 대도시인 살라망카Salamanca에 도착하게 됩니다. 계속 진행하다 보니 앞에 표지판이 보이는군요.

'살라망카 91km라…. 시속 백으로 달리면 한 시간 거리네.'

그동안 저는 말도 안 되는 속도에 익숙해져 있었다는 생각이 들어요. 차가 막히거나, 기다리던 버스가 안 올 때마다 불만스럽고 짜증이 났었거든요. 바쁜 곳에 살다 보면, 마음도 급해지고 신경이 예민해지는 것 같아요. 생각해 보면 참 별것도 아닌 것에 짜증내고 화내며 살았던 것 같습니다. 이 길이 끝날 때쯤이면 조급함이 좀 줄어들까요?

마을을 지나 언덕 길을 걷습니다. 길을 내려가는데 바짝 말라 죽은 뱀이 보이는군요.

'하긴 이 정도 태양이면 말라 죽을 만도 하지.'

뱀 시체를 지나가는데 시체가 움직이며 소리를 냅니다.

'쉬이이이익!'

아뿔싸! 죽은 게 아니었군요. 보호색의 일종이었나 봅니다. 자연의 신비란 끝이 없군요.

언덕 길을 오르락내리락하다 보니, 어느새 목적했던 라 칼사다 데 베하르 마을입니다. 생각해 보니, 급할 것도 없는데 걷는 일정을 무리하게 잡았다는 생각이 드는군요. 배낭 무게 때문인지 무릎이나 발목에도 무리가 많이 가서, 시간이 지날수록 몸에서 위험 신호를 보냅니다.

앞으로의 일정을 좀 여유롭게 잡아야겠어요.

코스 공략

알베르게에서 나와 화살표를 따라가면 N-630도로가 나옵니다. 도로를 따라 바뇨스데몬테마요르까지 가죠. 이 마을은 나무 제품이 특산품인지 집집마다 나무 제품을 팔고 있습니다. 마을을 지나, 로마 시대에 만들어진 길을 따라 걷습니다. 그리곤 숲길로 이어지고, 화살표를 따라가면 순식간에 마을과 마주칩니다. 오르락내리락하는

집집마다 나무 제품을 팔고 있습니다.

길이 대부분이라 다리가 좀 뻐근하지만, 안내가 참 잘 되어 있어 길을 헤매지 않아서 좋습니다.

 숙소

이용 요금 **10유로**(석식 **8유로**, 조식 **3유로**)
인터넷(Wifi) **사용 불가능**
주방 **사용 불가능**

'마을이구나!'
마을 입구에 들어서자마자 바로 왼편에 알베르게가 있습니다. 깨끗한 편이에요. 다만 베개가 없습니다. 목 베개를 준비해 다니시면 이럴 때 편리하죠.
미리 준비한 음식이 없다면 식사도 가능합니다. 맛은 나쁘지 않아요.

마을 입구에서 바로 왼편

 슈퍼

없습니다. 다음 마을을 이용하세요.

CALLE DE
LAS SALAS POMBO

CALLE DE
LOS BAÑOS

갈증이 많이 날 때 발견한 물줄기!
사막에서 오아시스를 만난 듯 기쁩니다.
그러나 아무리 목이 말라도, 이 물은 마시지 마세요.
식수가 아니니까요.

19

라칼사다데베하르에서 푸엔테로블레데살바티에라

La Calzada de Béjar to Fuenterroble de Salvatierra

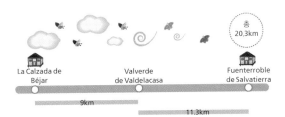

총 20.3km

La Calzada de Béjar

Valverde de Valdelacasa

Fuenterroble de Salvatierra

9km

11.3km

악몽을 꿨습니다. 찾는 물건이 아무리 찾아도 안 보여요. 친구에게 종이를 빌려 쓰고는, 집에 종이가 많으니 가져다 준다고 말했습니다. 그리고 집에 가 보니 종이가 두었던 자리에 없는 거예요. 한참을 이리저리 찾았습니다. 종이가 뭐라고…. 꿈은 꿈인가 봐요. 결국 찾지 못하고 친구에게 미안하다고 말하며 꿈에서 깨어나 보니, 베개가 없습니다. 어제 분명 티슈를 베고 잤는데, 저 멀리 가 있군요. 다시 찾아서 베고 잤지만, 옆 침대 사람이 코를 심하게 고는 바람에 잠을 설쳤습니다.

동네에 슈퍼가 없어서 음식을 못 샀습니다. 점심에 먹을거리는 과자와 먹다 남은 치즈 약간뿐이지만, 배낭은 좀 가벼워서 좋군요.

오늘은 햇빛도 그리 강하지 않고, 바람도 시원하게 불어서 걷기 좋았습니다. 길이 오르락내리락하지만, 잘 되어 있는 편이고요. 두 개의 마을을 지나 목적했던 푸엔테로블레데살바티에라Fuenterroble de Salvatierra에 도착했습니다. 알베르게에 도착하니, 배고파 보였는지 다과를 내주십니다. 이른 시간에 도착했기에 하루 내내 푹 쉬었어요.

이 코스는 참 친절한 코스입니다. 화살표가 길을 워낙 잘 알려 줘서, 그것만 따라가면 길을 잃을 염려가 없거든요. 비가 많이 온 후라면, 진흙길에 고생할 수 있습니다. 물을 건널 때는 다리가 물에 잠겼을 수도 있고요. 하지만 제가 갈 땐 날씨가 좋아서, 걷기 편했어요. 계속 오르락내리락해야 해서 좀 힘들 수 있지만, 길이 짧아 부담이 없었습니다.

보십시오, 이 순례자 조각상을.
저렇게 가느다란 다리로도 걷는데,
저보다 굵은 다리를 가진 우리에게 못 걸을 이유가 어디 있습니까?

숙소

이용 요금 **기부금**
인터넷(Wifi) **사용 불가능**
주방 **사용 가능**

마을에서 화살표를 따라가다 보면 보입니다. 사거리가 있고 오른쪽 앞을 보면 바로 알베르게예요. 사거리에서 왼쪽으로 꺾으면 카미노 진행 방향입니다. 무척 아늑하고 좋았어요.

사거리 오른쪽 앞이
알베르게

 슈퍼

알베르게에서 카미노 진행 방향으로 화살표를 따라갑니다.
첫 번째 골목에서 왼쪽으로 꺾어서 직진하다 보면 슈퍼가 보여요.

식당! 화살표만 보고 따라가세요.

20

푸엔테로블레데살바티에라에서
산페드로데로사도스
Fuenterroble de Salvatierra to
San Pedro de Rozados

총
29.6km

Fuenterroble
de Salvatiera

Finca Calzadilla
de Mendigos

San Pedro
de Rozados

21.6km

8km

오랜만에 아침에 커피를 마셨습니다. 모두가 일찍 아침을 먹고 떠난 뒤라 한적했어요. 약간 미지근한 커피지만, 맛있었습니다. 오늘은 왠지 잡생각이 많군요.

'내일 살라망카에 도착하면 가게에 들러서 양말을 좀 사야겠어. 다 빵꾸났구만.'

혹은.

'선크림을 좀 사서 발라야겠어. 이러다 인종이 바뀌겠네.'

등의 잡생각이었죠.

잠시 아스팔트를 도로를 밟으며 걷다가, 숲길로 접어드니 왠지 기분이 좋습니다. 바람이 나뭇잎을 스치는 소리도 좋고, 새들이 지저귀는 소리 또한 듣기 좋습니다. 갈림길에서 좀 고민을 했습니다.

'산길 혹은 평지.'

저는 산길을 택해서 올라가기로 했어요. 등산으로 치면 뒷동산 수준이지만, 평지를 걷다가 산을 만나면 괜히 더 힘든 것 같은 기분이군요. 풍력 발전기가 돌아가는 걸 보며 걸어 올라가고 있을 때였습니다.

"크허엉!"

커다란 소리에 깜짝 놀랐어요.

'엇! 곰인가? 호랑이인가? 죽은 척 해야 되나. 아니면 잃어버린 형을 찾았다고 통곡을 해야 하나.'

다시 짐승의 소리가 들립니다.

"취이이이익!"

풍력 발전소 옆에 돼지 농장이 있군요. 다행입니다. 만약 호랑이가 나왔다면, 형을 스페인어로 뭐라 하는지 몰라서 물려 죽었을 텐데 말이죠. 뒷동산도 산이라고, 올라오니 기분이 좋습니다.

"야호!"

한번 외쳐 주고 산을 내려왔습니다. 계속 언덕을 오르락내리락 하지만, 오늘은 컨디션이 좋군요. 거닐다 보니, 먼저 출발한 사람들이 점심을 먹고 있네요. 손을 흔들어 주고, 저도 약간 더 움직이다가 배가 고파 빵을 먹었습니다. 점심을 먹고 조금 걸으니 마을이 보이는군요.

"와아! 마을이다악!"

마을을 발견한 기쁨에 정신이 팔려서 뱀을 밟을 뻔했습니다. 알록달록한 작고 예쁘장한 게 독이 있을 것 같아요. 다행히 뱀을 밟지 않아서 무사히 마을에 도착했습니다.

코스 공략

길 안내가 친절하게 잘 되어 있는 편입니다. 다만 한번 길을 헤맨 곳이 있는데요, 숲에서 큰 길을 따라 가다 보면, 오른쪽으로 꺾어지는 큰 길과, 정면에 나 있는 만들다 만 숲길이 보이는 곳이 있습니다. '푸엔테로블레데살바티에라, 10km'라는 표지판을 지나 언덕을 올라오면 있어요. 직진을 하자니, 화살표가 그려져 있었던 걸로 추정되는 돌이 놓여 있을 뿐이고, 오른쪽으로 가보니 표시가 없습니다. 다시 갈림길로 돌아와 보니, 왼쪽 벽에 희미하게 화살표가 그려져 있군요. 만들다 만 숲길로 계속 가다 보면, 다시 화살표가 보여요. 갈림길이 나오죠. 왼쪽의 언덕길을 통해 산페드로데로사도스로 갈 것인지, 아니면 평지를 통해 모릴레로 갈 것인지 갈림길이에요. 코스가 엄청 길고, 몸도 피곤했다면 오른쪽 길을 택했겠지만, 컨디션이 좋아 왼쪽의 산길을 통해 산페드로데로사도스로 갔습니다. 풍력 발전기가 바람을 타고 힘차게 돌아요.

꼭대기까지 올라갔다면, 다시 내려가는 길입니다. 올라가는 길보다 내려갈 때, 다리가 더 아팠습니다. 경사가 좀 심하더라고요. 무릎이 안 좋으신 분들은 조심해서 내려가세요. 이 뒷동산 산행 코스를 빼곤, 완만한 언덕이 있을 뿐입니다. 수풀이 우거진 곳엔 뱀이 살기도 하니, 조심해서 지나가세요.

산페드로데로사도스 가는 길

숙소

이용 요금 **10유로**
인터넷(Wifi) **사용 불가능**
주방 **사용 불가능**

마을에 들어와서 조금 걸어가다 보면, 카레라스 7
세VII Carreras 거리 방향으로 화살표가 나 있습니
다. 식당, 술집, 여관을 겸하고 있는 곳이죠. 숙박을
하면 돈을 받지 않고 빨래를 해 주지만, 방 가격이
20유로입니다. 알베르게는 로데라 길Calle Rodera
다음 골목에 또 다른 화살표를 따라가면 돼요. 가는
길에 슈퍼마켓도 있습니다. 주방은 사용할 수 없지
만, 커피나 차는 무료로 제공되었습니다. 전자레인
지도 있어요.

알베르게 간판이에요.

 슈퍼

알베르게 가는 골목에 있습니다.

슈퍼는 알베르게 가는
길목에 있어요.

뜨거운 여름에 땀을 식혀 주고,
이젠 전기까지 만들어 주다니.
바람은 얼마나 고마운 존재인가요!

21
산페드로데로사도스에서 칼사다데발둔시엘
San Pedro de Rozados to Calzada de Valdunciel

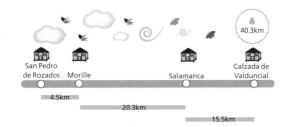

총
40.3km

San Pedro
de Rozados Morille   Salamanca   Calzada de
Valduncial

4.5km
        20.3km
                15.5km

아침에 일어나 동쪽을 향해 걸어갑니다. 햇빛을 정면에서 맞다 보니, 눈이 따갑습니다. 얼마 전 깨뜨린 선글라스가 많이 그립군요. 다행히 동쪽으로 조금만 걷고 나면, 북쪽을 향한 길이라 눈이 좀 편안합니다.

제일 처음 거쳐 가는 마을인 모릴레의 놀이터가 마음에 드는군요. 제가 어렸을 땐 말 타는 놀이 기구가 없었는데, 더 이상 놀이터에서 놀지 않게 된 다음에 말 타는 놀이 기구가 생겼습니다. 한번 앉아 볼까 했는데 아침 이슬 때문에 의자가 왕창 젖어 있군요. 엉덩이에 설사한 느낌으로 먼 길을 가고 싶지는 않아서, 말 타기를 포기했습니다. 마을을 벗어날 쯤에 아침부터 거리에서 책을 읽고 있는 아가씨가 보였어요. 무슨 책을 읽냐고 물어보고 싶었지만, 짧은 스페인어 때문에 그냥 지나쳤습니다.

모릴레 마을을 지나면, 자연을 만나게 돼요. 숲길을 걷죠. 숲을 지나 원래 목적했던 살라망카에 도착했습니다. 오후 두 시 정도에 도착했는데, 알베르게가 오후 네 시부터 연다고 써 있군요. 오늘 조금 더 걸으면, 내일부터 널널하게 걸을 수 있습니다.

두 시간을 기다리는 대신, 다음 목적지까지 걷기를 택했죠. 가는 길에 대형 슈퍼마켓인 까르푸에서 양말을 샀어요. 신던 양말이 모두 구멍이 났거든요. 오늘은 한참 걸어야 하니, 큰맘 먹고 비싼 에너지 음료수도 사 마셨습니다. 이 빨간 황소 음료수가 과연 효과가 있을까요? 지금껏 이만큼 긴 코스는 없었고, 앞으로도 이만큼 걸을 일은 없다고 생각하니 힘이 납니다. 그래도 멀긴 멀군요. 걸어도, 걸어도…. 끝이 안 나옵니다.

도로를 따라 걷는 중에 고속도로에서 자동차가 저를 보고 빵빵 댑니다.

'나는 한참 떨어져 있는데 왜 빵빵댈까?'

자동차를 쳐다보니 운전자가 저를 향해 힘내라는 포즈를 취해 주고는 웃으며 지나갑니다. 힘이 나는군요. 그래도 긴 거리가 줄어들지는 않습니다. 다리가 피곤한 건 물론이고, 무거운 배낭을 걸친 어깨는 담이 걸린 지 오래입니다. 회복이 안 되는군요.

길에서 산토끼를 보았습니다. 이번에 걸으며 처음 본 토끼라 그런지 괜히 신나네요. 그래도 몸은 무겁습니다. 아무래도 에너지 음료가 제 능력을 발휘하지 못하나 봅니다.

정말 다행인 점은, 헤매지 않고 걸었다는 겁니다. 거리가 좀 멀어도 길을 잃지만 않는다면, 마음이 편안하죠. 다행히 해가 지기 전에 마을에 도착했습니다. 알베르게 위치를 알려 주는 표지판이 없어서, 하마터면 60킬로미터를 걸을 뻔했지만 말이죠. 이제 앞으로 이렇게 길게 걷지는 않을 거라 생각하니 기분이 좋은 하루입니다.

 코스 공략

태양을 마주 보며 산페드로데로사도스를 떠납니다. 선글라스가 없다면 눈이 부셔서 앞을 제대로 볼 수 없어요. 가다가 왼쪽으로 꺾어야 하니 화살표를 잘 확인하고 가세요.

첫 번째 마을인 모릴레를 지나 계속 북쪽으로 향합니다. 화살표

살라망카를 구경하다 보면 알베르게가 금새 문을 열죠.

가 띄엄띄엄 있지만, 계속 북쪽으로 직진하면 돼요. 알데아테하다 Aldeatejada 알베르게 안내 표지판이 있는 곳에서 직진하여 언덕을 올라갑니다. 언덕에 올라가면 오른쪽에 큰 도시가 보여요. 그 도시를 향해 계속 걸어가면 살라망카에 도착합니다. 유명한 관광지라 구경할 거리도 많고 활기찬 곳이죠.

　　알베르게는 오후 네 시부터 열지만, 살라망카를 구경하다 보면 알베르게가 금세 문을 열 거예요. 하지만 전 그냥 다음 목적지인 칼사다데발둔시엘로 왔습니다. 컨디션이 좋은 편이었고, 오늘 좀 열심히 걸으면 다음날부터 아주 편하기 때문이었죠. 가는 길이 험하지 않아 거리에 반해 편한 편입니다.

　　살라망카를 지나 첫번째 마을인 알데세카데알무냐Aldeseca de

Armuña를 지나갈 때, 끝 무렵에 화살표가 제대로 안 되어 있습니다. 조그만 사거리인데, 버스 정류장인 듯 사람들이 많이 모여 있더군요. 이곳에서 은행이 있는 왼쪽 언덕으로 올라가면, 성당이 있습니다. 성당에서 오른쪽 길을 보면 노란 화살표를 찾을 수 있죠. 그 다음부턴 노란 화살표를 따라 계속 걸으면 됩니다. 화살표가 드물게 있어서 길을 잘못 들었나 생각이 들 수 있지만, 다음 화살표가 나올 때까지 골목을 무시하고 직진하면 결국 화살표를 만나게 됩니다. 다만 희미한 화살표 때문에 혼란스러울 수 있는데요. 축구장이 있는 운동장 앞에선 왼쪽, 카스테야노스데비이케라Castellanos de Villiquera를 지나 칼사다데발둔시엘Calzada de Valdunciel로 가는 길목에선 오른쪽입니다. 화살표가 희미해서 자세히 보지 않으면, 잘 안 보여요.

마을에 도착하면 화살표를 따라갑니다. 마을이 끝날 무렵에 문화센터 옆에서 오른쪽으로 돌아가면, 드디어 알베르게에 도착입니다.

 숙소

이용 요금 **5유로**
인터넷(Wifi) **사용 불가능**
주방 **사용 가능**

화살표를 따라가다 보면, 마을의 끝에 다다르게 됩니다. 문화 센터가 있고, 돌 의자가 늘어서 있어요. 직진을 하면 계속 진행하는 것이고, 오른쪽으로 꺾으면 코너에 알베르게가 보입니다.

돌 의자가 늘어선 길에서
직진

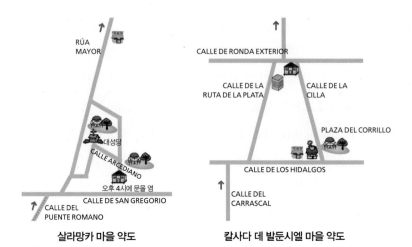

살라망카 마을 약도

칼사다 데 발둔시엘 마을 약도

 슈퍼

알베르게에서 코리요 광장Plaza del Corrillo 쪽
으로 올라가세요.
광장에서 오른쪽으로 꺾으면 바로 보입니다.

바 옆집이 슈퍼예요.

개조차 짖지 않는 조용한 거리.
이른 아침부터 책을 읽는 아름다운 아가씨가 보입니다.
무슨 책을 읽는 걸까요?

먹구름 사이로 내리쬐는 한 줄기 햇살.
아. 이 얼마나 얼마나 아름다운가요.
먹구름이 저 멀리 있어서 더욱 아름답습니다.
가까이서 폭우를 내리 쏟으면 감상할 여유가 없더라고요.

아구디냐에는 아따거따거
나무가 많아요.
"아, 따거, 따거!"

리오네그로텔푸엔데로 가다 보면
헨젤과 그레텔을 만날 수 있을까요?
(주의: 이 길엔 과자집 없음)

아구디냐
32일 24.5km
루비안
31일 19.2km
레케호
30일 28.5km
아스투리아노스
29일 25.0km
리오네그로텔푸엔테
28일 27.5km
산타마르타데테라
27일 23.9km
타바라
26일 26.0km
그란하데모레루엘라
25일 21.8km
몬타마르타
24일 18.8km
사모라
23일 33.0km
엘쿠보데라티에라델비노
22일 20.7km
칼사다데발둔시엘

레케호 대첩
X개 총공격 VS
산 푸에고의 지팡이

누구맘대로
몬타마르타에 가니?
(청부업자 날벌레.
각종 방해 전문)

3장

세계 정복을 꿈꾸는
미생물들

칼사다데발둔시엘에서 아구디냐까지

22

칼사다데발둔시엘에서
엘쿠보데라티에라델비노

Calzada de Valdunciel to
El Cubo de la Tierra del Vino

총
19.9km

Calzada de
Valdunciel

El cubo de
la tierra del Vino

걸어야 할 거리가 얼마 안되니, 늦장을 부렸습니다. 모두가 떠나고 고요한 알베르게를 막 떠나려고 문을 열었는데, 비가 오는군요. 다시 들어가 짐을 새로 쌌습니다. 배낭 안의 물건들을 하나씩 꼼꼼하게 비닐로 싸기 시작했어요. 침낭에도 녹색 비닐 봉투를 씌우고, 방수 점퍼를 입으니 준비가 다 되었습니다.

며칠 해가 반짝 했다고, 금세 맑은 날에 익숙해졌었어요. 바람이 많이 불고 비가 내리는 날은 걷기 힘이 듭니다. 손이 너무 시려워서 바지 주머니에서 손을 빼지 못했어요. 바지 주머니도 추위를 모두 막아 주지는 못하는지, 손에 감각이 점점 없어집니다.

비가 잠시 내리다 그쳤지만, 거센 바람과 추위는 멈출 생각을 안 하는군요. 이런 날엔 정말 집이 그립습니다. 따뜻한 차 한잔하면서 밖을 보는 거죠.

'밖엔 비가 내리고 바람이 많이 부나 보네.'

비 오는 날 음악을 틀어 놓고, 창밖을 바라보는 걸 좋아하니까요. 하지만 비바람이 거센 날에 걷는 것은 힘이 듭니다. 비가 올 때는 앉아서 쉴 수도 없어 계속 걸어야 하거든요. 다행히 배가 고플 때쯤 비가 그쳐 주었습니다. 차가운 빵을 꺼내 씹었죠.

'이렇게 추울 때는 소화가 잘 안 되는데…. 그래도 먹어야 살 테니까.'

계속 부는 바람에 손이 얼어도 빵을 놓치지 않았습니다. 구름 아래로 학처럼 생긴 새가 낮게 날아가는군요. 한동안 비가 계속 내리려나 봅니다.

알베르게에 도착하니, 문이 잠겨 있네요. 전화번호가 적혀 있지만, 전화기가 없습니다. 다음 목적지까지 걸어가려는데 마침 지역 주민을 만났습니다.

"여기 알베르게에 묵으려는 거야?"

그럼요. 묵으려고 했었죠.

"네. 하지만 잠겼어요."

평범한 지역 주민이 아닙니다. 집에 가서 열쇠를 가져올 테니 기다리라는군요. 덕분에 알베르게에서 쉴 수 있었습니다.

저녁이 되니, 하늘에 구멍이 난 듯 비가 내리는군요. 계속 걸었다면, 아마 홀딱 젖었을 겁니다. 운이 좋은 날이에요.

 코스 공략

마을에서 화살표를 따라가면 우리의 친구 N-630도로가 나옵니다. 도로를 따라 계속 이동하다가 화살표를 따라가면 도로 옆 자갈길을 걷게 되죠. 자갈길 초반엔 노란 화살표가 있지만, 계속 길을 따라 가면 아무런 표시도 찾을 수 없습니다.

'길을 잘못 든 건가?'

생각이 들어도 계속 자갈길을 따라 가세요. 갈림길이 나오고, 도로로 통하는 다리가 나와도 무시하고 자갈길을 따라서 계속 갑니다. 중간에 갈림길이 여러 번 나오거든요. 이럴 때 당황하지 말고, 계속 앞으로 가세요. 손만 잡고 잔다는 오빠 믿듯이 계속 믿고 가면 됩니다. 자갈길이라 발바닥 지압도 되고 좋아요.

손만 잡고 잔다는 오빠 믿듯이 자갈길을 계속 따라가세요.

　물집이 잡힌 곳을 자갈이 찌르면 좀 아프지만, 계속 움직이다 보면 익숙해지죠. 자갈길이 끝나면 도로로 이어집니다. 도로를 따라가면 노란 화살표를 다시 만나게 돼요. 화살표를 따라 이동하다 보면 엘쿠보데라티에라델비노가 금방 나옵니다.

숙소

이용 요금 **5유로**
인터넷(Wifi) **사용 불가능**
주방 **사용 가능**

화살표를 따라 가다 보면 약국 앞에 알베르게 방향
을 알리는 표지판이 있습니다. 토로 길Calle Toro을
따라 걸으면 길이 세 갈래로 나뉘어져요. 그 중 중
간 길로 들어가면 건물에 알베르게 표지판이 보입
니다.

약국 앞에 알베르게 방향
표지판이 있죠.

 슈퍼

약국 건너편에 있습니다.

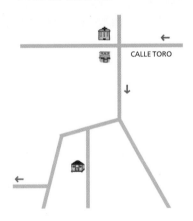

표지판 왼편이 슈퍼예요.

23

엘쿠보데라티에라델비노에서 사모라

El Cubo de la Tierra del Vino to
Zamora

총
33.0km

El Cubo de la
tierra del Vino

Villanueva de
Campean

Zamora

13.2km

19.8km

옷깃을 단단히 여미고, 알베르게를 나섰습니다. 전날 추위로 워낙 떨었기 때문이죠. 어제 저녁에 비가 많이 내려서인지 먹구름이 많이 없어졌습니다. 비도 안 오는군요. 바람은 좀 불지만, 견딜 수 있을 만큼의 찬바람입니다.

비가 내린 다음날이라 진흙길에 발이 푹푹 빠지지만 괜찮습니다. 흐린 날은 걷기 편하니까요. 가장 걷기 편한 날은 흐린 날입니다. 비도 안 오고, 태양도 강렬하지 않아서 걷는 데 무리가 없죠. 날씨가 안 좋으면 오전 중에 들르는 마을에서 편히 쉬려고 했지만, 워낙 걷기 좋은 날씨라 쭉 걸었습니다.

비가 온 뒤에 달팽이가 나와 있나 눈을 씻고 봐도 안 보입니다. 전에 비가 올 때는 민달팽이가 참 많이 보였는데 말이에요. 한참을 가다가 누군가의 발자국 옆에서 한 마리 발견했습니다. 북쪽이라 날씨가 추워서일까요? 집 있는 달팽이군요. 초록빛 물결이 출렁이는 들판은 봄을 알리지만, 바람은 아직 차기만 하거든요. 자연은 역시 신비롭습니다.

목적했던 마을이 저 멀리 보일 때쯤, 양 목장이 보이는군요. 양이 있다면, 개도 삽니다. 아니나 다를까, 개가 세 마리나 되는군요. 1킬로미터 전부터 짖어 댑니다. 목장에 다가갈수록, 더 심하게 짖어 대는군요. 무려 세 마리인데다 이빨도 아주 날카로워 보여요. 사람을 몇 명 물어서 민원이 들어왔는지, 모두 목줄에 매여 있었습니다. 하지만 마지못해 묶어 놓은 티가 났어요. 개가 날뛸 때마다 줄이 위태롭게 흔들렸거든요.

'삼 대 일은 좀 불리한데…. 물면 반칙이라고. 손하고 발만 쓰자

고 할까.'

겨우 100미터쯤 되는 목장 옆을 지나며 계속 긴장했습니다. 목줄을 풀고 달려올 듯 보였지만, 보기보다 줄이 튼튼하군요. 무사히 경치 좋은 도시 사모라에 도착했습니다.

코스 공략

알베르게 뒷편 화살표를 따라가면 철길이 나와요.

알베르게 뒤편의 화살표를 따라가면 철길 옆으로 길이 나 있습니다. 철길 옆으로 쭈욱 걸어갑니다. 안내가 잘 되어 있는 편이라 길을 잃을 위험은 적어요. 딴 생각하느라 화살표를 놓치지 않는다면 말이죠.

철길 다음부터는 화살표가 좀 띄엄띄엄 있습니다. 갈림길이 나와도 아무런 안내가 없는 경우도 있죠. 그럴 땐 꿋꿋하게 전에 나왔던 화살표가 가리키던 방향으로 갑니다. 꺾으라는 화살표가 없는 한, 앞으로 가면 맞는 길이에요. 차도 잘 안 다니는 흙길이라 걷기 편한 코스입니다.

길을 걷는 동안 분명 기찻길을 많이 지나쳤는데.
지나가는 기차는 한 대도 못 만났습니다.
기차가 다니긴 하는 걸까요?

숙소

이용 요금 **기부금**
인터넷(Wifi) **사용 가능**
주방 **사용 가능**

다리를 건너면 알베르게 방향을 알리는 표지판이
있습니다. 산타루치아 성당을 지나 언덕을 올라가
면 보여요. 지은 지 얼마 안 되어서, 깨끗하고 좋습
니다. 아침도 줘요.
다만 아침 8시까지 짐을 챙겨 나가야 되기 때문에,
아침잠이 많다면 좀 부담스럽습니다. 시간은 칼같
이 지켜야 해요.

산타루치아 성당을 지나
언덕을 올라가면 나오는
표지판

 슈퍼

슈퍼가 좀 먼 편인데요. 찾아갈 때 좀 헤맸습니다. 다음날 도시에서 나가는 길이니, 슈퍼 가
면서 길을 익혀 놓으면 좋아요.
도서관을 지나 비리아토 광장Plaza de Viriato을 지나 브란다세스 길Calle Brandaces로 들어
갑니다. 그리고 오른쪽의 오레혼스 길Calle Orejones로 꺾어 쭉 가요. 그럼 왼쪽에 성문(?)이
보입니다. 그 문을 통해 나가면 산바르톨로메 길Calle San Bartolome로 이어져요. 언덕을 내
려가면 왼쪽에 큰 도로가 보이고, 길 건너에 슈퍼마켓 디아가 있습니다.

이 성문을 찾아야 해요.

172

24
사모라에서 몬타마르타
Zamora to Montamarta

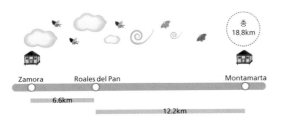

총
18.8km

Zamora   Roales del Pan   Montamarta

6.6km

12.2km

침대가 흔들흔들거립니다.

'뭐지!?'

눈을 떠 보니 호스피탈레로hospitalero 아저씨가 절 쳐다보고 있군요. 시계를 보니 아침 8시도 안된 이른 시간입니다. 스페인어로 뭐라고 하시는데, 못 알아듣겠군요. 짐을 싸고 있는 다른 순례자에게 무슨 말인지 물었습니다.

"늦어도 아침 여덟 시엔 모두 나가야 한다는 소리야."

맙소사. 15분이 남았군요.

우선 주방에 내려가서 커피와 비스킷 한 조각을 먹고 올라왔습니다. 양치를 하고 가방에 짐을 대충 쑤셔 넣고 알베르게를 나오는데! 비가 옵니다. 아주 많이.

배낭을 메고 뛰어서 도서관까지 갔습니다. 거기서 짐을 풀고, 대충 쑤셔 넣었던 짐을 꺼내 하나하나 정성스레 비닐 포장을 했죠. 밖엔 샤워기를 틀어놓은 듯 강한 비가 계속 쏟아집니다. 30분이 넘게 도서관에서 비를 피하며 비가 그치길 기다렸어요. 아무래도 종일 내릴 것 같습니다. 사모라에서 하루를 더 묵고 갈지, 걸을지 잠시 고민했습니다. 뭐 내일이라고 비가 그친다는 보장도 없으니, 걷기로 결정했죠. 전에 비가 많이 오던 날, 커다란 우비를 사려고 했지만, 마음에 드는 튼튼한 우비가 없어서 못 샀어요. 아쉬운 대로 우산을 꺼내 쓰고, 사모라를 떠납니다.

'어라?'

발걸음을 뗀 지 얼마 안 되어 비가 조금씩 그치는군요. 기다린 보람이 있어요. 불편한 우산을 접어 넣고, 다시 걷기 시작합니다. 자모라를 떠나니 황토 길이군요. 비 온 뒤에 땅이 굳는다지만, 그건 한참 지난 뒤의 얘기예요. 비가 오자마자 밟으면 완전 질퍽합니다. 한걸음 내딛을 때마다, 땅의 요정이 놀아 달라며 발을 잡아당기는 것 같군요. 앞서 간 순례자들의 발자국이 보입니다.

'저 사람들은 비가 왕창 쏟아질 때 갔으니, 나보다 더 고생했겠군.'

비가 조금씩 오다 말다 합니다. 다 젖은 땅이라 어디 앉아서 쉴 곳도 없고, 짧은 거리지만 멀게만 느껴지네요. 가다가 젖지 않은 돌이 보이면 잠시 쉬어 갑니다. 잠깐 배낭이라도 풀어 돌 위에 올려놓고, 물 한 모금 마시고 가는 거죠.

비가 내리는 날인데도 날벌레가 많습니다. 오늘따라 날벌레가 자꾸 눈으로 돌진하는데, 이렇게 벌레가 귀찮은 적이 없어요. 누가 마을로 못 가도록 막으라고 청부라도 넣었나 봅니다.

'기왕 청부를 넣으려면, 개라도 고용하지. 기껏 날벌레라니….'

마을로 못 들어가게 하려는 청부였다면 실패지만, 좀 괴롭혀 주라는 청부라면 대성공입니다. 마을까지 가는 동안, 수백 마리의 벌레가 달려들었거든요. 뭐 물거나 하진 않지만, 자꾸 눈으로 들어가서 영 귀찮습니다. 다행인 건 마을의 알베르게에 도착할 때까지 비가 많이 내리지 않았다는 거죠. 덕분에 뽀송하게 도착했습니다.

사모라에서 디아 슈퍼마켓 옆길로 쭈욱 올라갑니다. 가다 보면 성당이 있고, 성당의 왼쪽 언덕으로 오르면, 카미노 안내 표지판이 보여요. 그 길을 따라 계속 올라가면, 사모라를 떠나게 됩니다. 사모라를 떠나 안내를 따라가다 보면, 안내가 없어지는 부분이 나옵니다. 세멘테라 길Calle La Sementera이란 표지판이 보이는 곳인데요. 직진을 해야 되는지, 오른쪽의 잘 되어 있는 도로를 따라가야 하는지 고민이 되었죠. 직진을 합니다. 도로를 따라가든, 흙길을 따라가든 계속 앞으로 가다 보면 카미노 표지판이 보여요. 그 다음부터는 안내가 잘 되어 있습니다. 계속 따라가면 로알레스델판Roales del Pan 마을이 나와요. 혹시 그 전에 길을 잃으셨다면, 우리의 친구 N-630도로를 따라 오셔도 이 마을이 나옵니다. 이 마을에선 화살표를 따라 계속 직진입니다. 어디 꺾어지는 화살표라도 있나 두리번거리고 걸었는데, 그럴 필요가 없었어요. 이제 다시 흙길을 따라 걷습니다. 제가 걸을 땐 이 길에 날벌레가 엄청 많았어요. 어쨌든 카미노 안내 표지판을 따라가면, 목적지인 몬타마르타Montamarta에 도착합니다.

숙소

이용 요금 **4유로**
인터넷(Wifi) **사용 불가능**
주방 **사용 불가능**

화살표를 따라가면 알베르게를 알리는 표
지판이 있습니다. 카미노는 직진이고, 알
베르게는 오른쪽으로 꺾으라는 표지판이
죠. 알베르게 표지판을 따라가면 길 안내
가 잘 되어 있어요. 굴다리를 지나 오른쪽
언덕으로 올라가면 알베르게입니다. 좀 추
웠지만, 괜찮은 숙소였어요.

오른쪽으로 꺾으라는 표시

 슈퍼

알베르게에서 굴다리를 지나 오른쪽 길로 쭉 갑니다. 가다 보면 포장된 도로가 나와요. 왼쪽
길인 모랄레스 길Calle de los Morales을 따라 계속 걸으면, 오른쪽에 식품점이 보입니다.

모랄레스 길을 따라가면 돼요.

이런 흙에 발을 디딜 때면,
누가 지하에서 제 발을 잡아당기는 기분입니다.
"놓으란 말이다! 난 갈 길이 멀다."

25

몬타마르타에서 그란하데모레루엘라
Montamarta to Granja de Moreruela

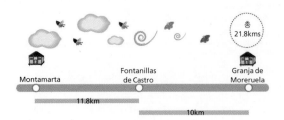

총
21.8kms

| Montamarta | Fontanillas de Castro | Granja de Moreruela |

11.8km

10km

춥게 잤는지 몸이 뻐근합니다. 목이 잔뜩 긴장되었네요. 따뜻한 차 한 잔과 아침을 먹고, 출발합니다.

사람들이 참 부지런하군요. 아침 아홉 시도 안 되었는데, 제가 마지막에 문을 닫고 나옵니다.

전날 비가 많이 와서 곳곳에 물이 고여 있군요. 조심조심 걷느라 발걸음이 더딥니다. 뭐 꼭 빨리 가야 할 이유도 없지만 말이에요. 도로를 걸을 때는 차가 쌩쌩 달려서 무섭고, 흙길은 발이 빠지고, 물이 많아서 조심스럽습니다. 조심조심 걸었지만 결국 신발이 다 젖고 말았습니다. 물이 흙을 전체적으로 덮고 있어요. 카라멜 마끼아또에 생크림을 듬뿍 올려놓은 것처럼 말이죠. 이건 뭐 조심스럽게 걸어도 피해 갈 길이 없습니다.

신발이 젖으면 왠지 걷는 게 더 피곤하더라고요. 발에서 나는 열기로 양말을 말려 가며 계속 걸었습니다. 언덕을 오르락내리락하다 보니 길이 호수로 이어져 있군요. 방향으로 보건대 호수를 건너야 합니다.

'뭐지, 저건? 드디어 스노클 마스크를 쓸 때가 온 건가?'

몸은 젖는다고 쳐도, 배낭 안에는 젖으면 고장 나는 전자 제품들이 많이 들어 있습니다.

'배낭을 통째로 담을 수 있는 지퍼 팩은 없나? 호수를 건널 줄 알았으면, 오리발을 가져올 걸 그랬나?'

잡생각을 하며 걸음을 옮기다 보니, 호수가 코앞입니다. 다행히 호수 옆에서 꺾어지는군요. 휴…. 철인 삼종 경기는 아니니 수영하는 코스는 역시 없겠죠?

호숫가엔 잘 꾸며 놓은 전원 주택들이 보입니다. 보통 담장이 높게 쳐져 있는데, 한 집만 담장이 없군요.

'이 집은 좀 개방적인 집인가?'

아직 공사 중으로 보입니다.

"왕왕왕! 으르르르르르…. 컹컹!"

옆집 개들이 짖어 댑니다. 아주 커다랗고 사납게 생겼습니다. 다행히 높은 담장 때문에 저에게 뛰어들지 못하겠군요.

"야, 그냥 지나가는 건데 뭘 그리 짖냐."

커다란 개 두 마리에 놀란 마음을 안정시키며 지나가는데! 담장 없는 개방적인 집에서 작은 개가 엄청난 속도로 저에게 달려듭니다. 걸을 때 항상 제 손에 들려 있는 '산 루에고의 지팡이'가 아니었다면…. 오른쪽 종아리에 개 이빨 자국이 났을 겁니다. 덩치 크고 사납게 생긴 두 녀석이 바람잡이였어요. 거기다 한눈파는 사이에 작고 빠른 녀석이 달려들어 무는 거죠. 개들이 머리가 좋아요.

지팡이를 쓰다듬으며, 계속 길을 걸었습니다. 토요일이라 호숫가엔 낚시하러 나온 사람들이 보이는군요. 평온해 보입니다. 개한테 물릴 위험도 없어 보이고요. 잠깐씩 내리는 비를 맞으며, 걷습니다. 다행히 걷는 중에 폭우가 내리진 않았어요.

지금 알베르게 밖에는 번개가 치고, 알베르게 안까지 빗물이 새어 들어오고 있습니다. 걸을 때 이렇게 비가 내렸다면, 흙과 함께 강물로 쓸려 내려갔을지도 몰라요.

알베르게에서 나와 우리의 친구 N-630도로를 따라갑니다. 도로를 따라 계속 걸어도 되지만, 슈퍼마켓이 있는 모랄레스 길Calle de los Morales을 따라 좀 돌아갔어요.

오늘의 코스는 N-630을 축으로 지그재그처럼 꼬여 있는 길을 따라 걷습니다. 중간에 길을 잃는다면 N-630도로만 찾으면 되죠. 도로 공사를 하는 듯 보이는 초반의 길에서, 오른쪽 뒤로 돌아 도로로 나가야 하는 길이 있어요. 잘 보지 않으면 놓치기 십상입니다. 뭐 놓치면 우리의 친구 N-630을 찾으면 되지만요.

지그재그 길을 돌아가는 게 힘들다면, N-630도로만 따라서 쭉 가면 빠르게 목적지에 도착할 수 있어요. 하지만 도로에는 차가 쌩쌩 달리니 차조심해서 걸으세요. 전 도로를 따라 걷는 건 재미가 없어서, 카미노 길을 따라 걸었습니다.

도로를 따라가야 한다는 걸 염두해 두시면, 길을 잃더라도 방향을 예상하기 쉬울 거예요.

도로? 숲길?
선택은 언제나
자유예요.

숙소

이용 요금 **기부금**
인터넷(Wifi) **사용 불가능**
주방 **사용 가능**

마을에 들어와 화살표를 따라가면 갈림
길이 나옵니다. 알베르게는 오른쪽, 카
미노는 왼쪽이라고 되어 있죠. 오른쪽
길 건너에 알베르게가 있습니다. 주방
사용이 불가능하고, 많이 추웠어요. 뜨
거운 물은 나오는데, 한 명 샤워하면 한
참 기다려야 해요.

알베르게. 조금 불편해요.

 ## 슈퍼

알베르게에서 성당 쪽 길로 직진합니다. 성당을 지나쳐서 보면 오른쪽에 Tabaco라는 간
판이 보여요. 간판 옆집이 슈퍼입니다.

26
그란하데모레루엘라에서 타바라
Granja de Moreruela to Tábara

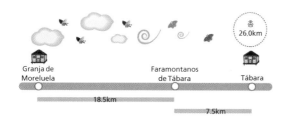

총
26.0km

Granja de
Moreluela

Faramontanos
de Tábara

Tábara

18.5km

7.5km

전날 피곤해서 좀 일찍 누웠습니다. 바로 옆에 바가 있어서 그런지 밤새 소란스럽더군요. 그들이 뭐라 떠드는지 잘 모르겠지만….

"크하하하! 마시고 죽자고!"

이런 말이겠죠? 그 탓에 시끄러워서 잠을 설쳤습니다.

시계를 몇 번 보다 보니 어느새 아침이군요. 창밖을 보니 비가 내리고 있습니다. 만반의 준비를 해서 나갔죠. 날씨 운은 좋은 편인지, 조금 움직이니 비가 그치는군요.

걷고 있는 길 말고는 온통 초록으로 뒤덮인 산을 걸으니 마음이 편안해집니다. 강 위에 놓인 멋진 다리를 건너, 오솔길을 따라 산꼭대기에 올라섭니다. 춥다고 주머니에 손 넣고 걷다가 미끄러졌어요. 하마터면 이름도 모르는 바위와 찐하게 키스할 뻔했네요. 그 다음부터는 양 손 모두 주머니에서 빼고 조심조심 올라갔습니다.

'이야!'

배낭에 술만 넣어 왔다면, 자리 깔고 앉아서 술판을 벌이고 싶은 곳이었어요. 하지만 바람이 워낙 매섭게 불어서 잠시 앉아 있다 일어났습니다. 걷는 내내 하루 종일 맞바람이 불었어요. 길은 오른쪽이나 왼쪽으로 꺾어지는 부분이 있죠. 그런데 신기한 건, 그렇게 방향을 틀어도 언제나 맞바람이라는 겁니다. 자연의 신비죠.

첫 번째 마을에 들어가니, 마을 입구에서 귀여운 강아지가 꼬리를 치며 반깁니다. 곧 다른 강아지 한 마리가 더 나오고, 치던 꼬리를 치켜세우고 제 주위를 맴도는군요. 한 녀석은 정신없이 돌면서 제 주위를 끌고, 한 녀석은 잽싸게 공격을 시도합니다. 뒤늦게 나온 주인 아주머니가 "이리와, 뽀삐!"라고 불러도 자꾸만 절 물려고 하네요. 오늘도 산 루에고의 지팡이가 절 살렸습니다.

첫번째 마을에서 길을 좀 헤매고, 목적했던 마을로 향합니다. 마을에서 나갈 때는 화살표 안내가 아주 잘 되어 있어 편하게 나갔죠. 그러나…. 그 길을 따라가니 화살표가 더 이상 나오지 않습니다. 도로에서 이정표를 봐두지 않았다면, 방향도 모를 뻔했어요. 짐작 가는 방향을 보니 희미하게 도시가 보입니다.

다행히 주변에 다른 마을이 없어서, 단번에 제대로 찾아왔네요. 마을에서 알베르게 찾느라 한 시간 가까이 헤매긴 했지만. 하여간 마을에 제대로 도착했습니다.

코스 공략

그란하데모레루엘라의 성당 뒷편에서 길이 갈립니다. 북쪽의 프랑스 길로 이어지는 코스와, 사나브리아를 통해 산티아고로 가는 코스죠. 왼쪽의 오렌세Ourense 방향 표지를 따라 갑니다.

코스를 따라가면 급한 내리막길 경사가 한번 나오고, 에슬라 강Rio Esla을 건너게 됩니다. 다리를 건너자마자 왼쪽에 조그만 오솔길로 들어가요. 강을 따라 계속 이동하다가 길이 없어지는 부분에서 오른쪽의 산길을 따라 올라가죠. 산꼭대기 나무에 화살표가 나 있는데. 그 화살표 방향을 정확히 따라가면 절벽 같은 가파른 길이 나옵니다. 이쪽 길이 아니니, 이 나무에서 오른쪽으로 팍 꺾어서 걸으세요. 그러면 다시 노란 화살표가 반깁니다.

문에 독수리 두 마리가 있는 집, 이쪽 길로 직진하세요.

그 다음부터 첫 번째 마을인 파라몬타노스데타바라Faramontanos de Tábara까지는 안내가 잘 되어 있어요. 이 마을부터 화살표가 좀 미심쩍습니다. 성당까진 그럭저럭 잘되어 있는데, 그 이후로 내려가라는 표시를 따라가면 다리가 나옵니다. 이 다리를 건너 걸어 봤지만, 아무래도 길이 아닌 것 같군요. 다리를 건너기 전 오른쪽에 보시면, 문에 독수리 두 마리가 돌로 조각된 집이 있습니다. 이쪽 길로 직진하세요. 길을 따라가면, 오른쪽에 넓은 길Calle La Charca이 나오는 데요. 이 길로 꺾어서 올라가면 작은 성당 건물이 나옵니다. 성당 건물을 지나쳐서 계속 올라가면 도로가 보이고, 화살표 안내가 모습을 드러내요.

　마을 끝 무렵엔 안내가 잘 되어 있는 편입니다. 그 잘 되어 있는 안내를 따라가면. 어느 순간부턴가 화살표 안내가 눈에 띄지 않습니다. 무슨 공사를 하는 것 같은데, 화살표가 걸리적거려서 다 뽑아 버렸나 봐요. 길의 끝까지 가면, 갈림길이 나옵니다. 이정표에서 봤던 방향인 왼쪽으로 꺾어서 진행하면, 마을이 보여요. 그 마을이 목적했던 타바라입니다. 그 마을을 바라보면서 길을 따라 걸으면 도착해요. 마을 가는 길에도 갈림길이 나오는데, 성당이 보이는 왼쪽 길로 가세요. 성당 바로 건너편에 알베르게 안내 표지판을 찾을 수 있습니다.

　마을로 들어가는 길에 반가운 카미노 안내 표지판을 몇 번 만날 수 있는데, 제가 지나온 방향을 가리키는군요. 마을에 이방인이 오는 걸 원치 않는 걸까요?

숙소

이용 요금 **기부금**
인터넷(Wifi) **사용 불가능**
주방 **사용 가능**

성당 건너편에 알베르게 방향을 알리는 표지판이
있습니다. 그 방향으로 계속 가면 마요르 광장Plaza
Mayor을 지나치게 됩니다. 식당 엘 로블레El Roble
쪽으로 말이죠. 이 방향으로 가서 노란 화살표를 따
라가면 도시를 떠나게 됩니다. 알베르게는 엘 로블
레 식당이 보일 때, 왼쪽 길을 따라 올라가면 다시
알베르게 안내가 보입니다. 안내를 쭉 따라가면 물
뜨는 곳이 나와요. 물 뜨는 곳 뒤의 건물에 알베르
게 안내 표지판이 있습니다. 오른쪽이라고 말이죠.

알베르게 방향 알려주는
표지판

오른쪽 골목으로 들어가면 안 되고, 오른편에 나 있는 길Camino Sotillo을 따라 계속 가면
외딴 곳에 알베르게가 있습니다.

 슈퍼

마요르 광장에서 알베르게 안내를 따라 들어가세요. 알베르게는 솔 길Calle Sol로 꺾어지
지만, 직진하면 산타로사 광장Plaza Santa Rosa이 나와요. 이 광장에서 오른편에 나 있는
길에 슈퍼마켓이 있습니다.

이 광장 오른편 길에 슈퍼가
있죠.

날만 좀 따뜻했어도 하루쯤 쉬다 가고 싶은 산이에요.
아래는 강이 흐르고, 위에는 구름이 흐릅니다.
풍경보다는, 이때 느낀 제 기분을 찍었어야 하는 건데 말이죠.

27

타바라에서 산타마르타데테라
Tábara to Santa Marta de Tera

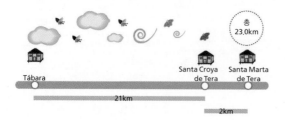

총
23.0km

Tábara   Santa Croya   Santa Marta
              de Tera   de Tera

21km

2km

그란하데모레루엘라에서 잠을 설쳐서 그런지 유난히 피곤합니다. 피로도 풀 겸 일찌감치 잠자리에 들었죠. 알베르게에 사람이 많았지만, 코를 고는 사람이 없었어요. 덕분에 숙면을 취하고 평소보다 좀 일찍 일어났습니다.

일곱 시가 조금 넘은 시간. 보통 이 시간부터 한두 명씩 일어나서 짐을 꾸려 나가죠. 하지만 이날따라 사람들이 엄청 부지런하군요. 그 많던 사람들이 다 떠나고, 저와 오스트리아 아저씨 한 명만 남아 있었어요. 아침을 먹으려 빵을 꺼내는 동안, 그 오스트리아 아저씨도 짐을 챙겨 떠나는군요. 한적합니다.

냄비에 물을 끓이고, 후라이팬에 식빵을 구워 아침을 챙겨 먹습니다. 주방엔 커피 포트도, 토스트기도 없기 때문이죠. 크림 치즈를 듬뿍 바른 토스트와 홍차를 마셨습니다. 홀로 식탁에 앉아 창밖을 내다보니, 여기가 꼭 우리 집 같군요. 어디 불이 켜진 곳은 없나, 히터는 잘 껐나 확인하고 알베르게를 나옵니다.

하늘엔 여전히 먹구름이 끼었지만, 비는 내리지 않는군요. 마을을 나와 오르막길을 걸으니 좀 덥습니다. 해가 잠시 반짝했거든요. 잠시 배낭을 내려 겉옷을 벗어 놓고 내리막길을 내려가는데, 금새 해가 들어가고 찬바람이 부네요. 다시 옷을 꺼내 입습니다. 옛날에 해와 바람이 했던 내기를 지금 또 하나 봅니다. 바람은 만날 지는군요.

손을 호호 불어도 보고, 주머니에도 넣어가며 길을 걷습니다. 전에 양말 살 때 장갑도 좀 살 걸 깜빡했네요. 풍경은 단조롭지만, 언덕을 오르락내리락하니 재미납니다. 열심히 걸어서 숨이 다 차네요.

목적지가 얼마 안 남았을 때, 비가 내리기 시작합니다. 제법 오는군요. 비 맞으며 걷는 것도 익숙해졌나 봅니다. 하늘에 구멍난 정도로 많이 내리지만 않으면 걸을 만하니까요. 그래도 비 오는 날보다는 맑은 날이 좋아요. 비가 내릴 때 걷는 걸 좋아하면 미친 거라는데…. 거센 비바람을 헤치며 걸어야 할 때는 정말 미친 짓 같기도 합니다. 방수 되고, 바람도 막아 주는 21세기 옷을 입고도 이 정도인데…. 옛날 사람들은 바람 슝슝 들어오는 옷을 입고 거닐다가 정말 미쳐버린 사람들이 많았을 것 같아요. 이럴 때 좋은 세상에 산다는 걸 새삼 느끼죠.

저는 최첨단 21세기 비닐 옷 덕분에, 미치지 않고 잘 도착했습니다.

코스 공략

알베르게 옆의 화살표를 따라서 마을을 나서면, 어제 봤던 그 길이 나올 줄 알았습니다. 그런데 다른 길이 나오더군요. 도대체 어제 그 길은 어디로 가는 길일까요.

이 코스는 길 안내가 잘 되어 있는 편입니다. 다만 첫 마을인 비야누에바데라스페라스Villanueva de Las Peras에서 화살표 안내가 잘 안 되어 있습니다. 화살표를 따라가다 보니 도로가 나왔는데, 차 타고 지나가던 아저씨가 이 길이 아니라고 하시는군요. '여기부터 비야누에바데라스페라스 아님.'이라는 표지판이 보이면. 뒤로 돌아서 언

여기부터 비야누에바데라스페라스 아님! 언덕을 내려가요.

덕을 내려갑니다. 내려가다 보면 왼쪽에 카미노 안내 화살표가 보여
요. 물론 도로를 따라가도 다음 마을에 도착할 수 있겠지만, 이왕이
면 숲길이 더 좋잖아요?

　안내를 따라 언덕을 오르락내리락하다 보면, 산타크로야데테
라Santa Croya de Tera에 도착합니다. 이 마을에선 도로를 따라 계속 걸
으면 돼요. 도로를 따라 이동하면, 슈퍼도 있고, 식당도 있고 다 있
습니다. 마을이 끝날 무렵엔 알베르게도 보이고요. 광고의 힘인지,
이곳 알베르게에 많은 순례자들이 묵는 것 같아요. 화살표를 따라
다리를 건넙니다. 다리를 건너면, 목적지인 산타마르타데테라Santa
Marta de Tera예요.

숙소

이용 요금 **기부금**
인터넷(Wifi) **사용 불가능**
주방 **사용 불가능(전자레인지 있음)**

언덕을 올라와 산타마르타데테라에 도착하면,
마요르 광장Plaza Mayor이 보입니다. 오른쪽엔
성당이 보여요. 왼쪽 대각선 앞에 알베르게가 있
습니다. 문은 스탑 바Bar Stop에 가서 열어 달라
고 하면 돼요. 난방 기구가 없어서 추웠습니다.

알베르게 문은 여기서 열어
달라고 하세요.

 슈퍼

알베르게에서 스탑 바 반대편으로 큰길을 따라
걸어갑니다. 첫 번째 골목은 지나치고, 두 번째
골목으로 들어가요. 골목이 끝나는 부분. 오른
쪽 집이 슈퍼입니다. 간판이 없어서 좀 헤매었
지만, 이곳이 맞습니다. 구멍 가게라 작아요. 오
는 길에 산타크로야데테라에서 장을 보는 것도
괜찮을 것 같아요.

구멍가게라 작아요.

28

산타마르타데테라에서 리오네그로델푸엔테
Santa Marta de Tera to Rionegro del Puente

총
27.5km

Santa Marta
de Tera

Rionegro
del Puente

알람이 쉴 새 없이 울립니다. 일어날 시간인 건 알겠는데, 이불 밖으로 나가기가 싫습니다. 코가 시려울 정도로 추워서 못 나가겠어요. 한참을 그렇게 누워 있으니 다른 알람 소리가 들립니다. 잠에서 깨어난 새들이 지저귀는 소리와, 아침 일찍부터 어디론가 급히 달려가는 자동차 소리예요. 이제는 일어나야겠습니다. 따뜻한 차 한 잔으로 몸을 좀 녹이고 출발을 했어요.

하늘이 참 예쁜 날입니다. 날씨가 좀 좋아지려나 봐요. 기분 좋게 자작거리다가 초반부터 길을 잃었습니다. 마지막 화살표를 지나친 이후로 화살표를 못 봤군요.

'다음 화살표가 나올 때까지 직진하면 되겠지.'

계속 걸어도 안 나오는군요. 결국 한 시간이 넘도록 헤매다가 제자리로 돌아왔습니다. 해가 쨍하고 웃네요. 위에서 보니까 헤매는 게 재미있나 봅니다. 날씨가 좋으니 좀 헤매도 기분이 좋아요.

지나는 마을마다 조용하군요. 분명 사람이 살고 있는 마을일 텐데, 유적지를 지나가는 기분입니다. 산길로 접어들었습니다. 초반엔 안내가 잘 되어 있는 듯싶더니, 핸델과 그레텔이 발견했던 과자 집이 있을 법한, 숲길로 향하는 마지막 화살표 이후로 안내가 없습니다.

여기저기 나무에 긁히고 헤매면서 전에 다른 순례자와 나누었던 대화가 생각났어요. 그 순례자는 여러 루트의 산티아고 길을 걸은 고수 순례자였죠.

"어떤 코스가 제일 힘들었어요?"

망설이지 않고 대답하더군요.

"사나브리아Sanabria."

궁금해서 다시 물었죠.

"그래요? 얼마나 힘든데요?"

그는 피식 웃습니다.

"어떤 힘든 길을 상상하든, 그보단 힘들 걸세."

오늘 걷는 길에, 비까지 왕창 내렸다면…. 정말 대 재앙을 겪을 뻔했습니다. 그랬다면 전 하늘에 대고 "모래반지 빵야빵야!"라고 외쳤겠죠. 비가 안 와서 다행입니다.

숲길을 빠져나오니 댐이 보이는군요.

"오우, 갓 댐! (God Dam – 멋진 댐이군!)"

댐 위엔 강바람이 심하게 불지만, 멋진 경치를 바라보며 걸으니 견딜 만합니다. 댐 위의 다리를 건너고 마을을 하나 지나요. 이다음 마을이 목적지입니다. 마을로 가는 길에 숲길을 오르락내리락하죠.

"이야, 마을이다!"

저 멀리 마을이 보입니다. 그리고는 비가 오기 시작하는군요. 당근과 채찍일까요? 하여간 마을을 보고는 힘내서 걸었습니다.

그렇게 먼 거리는 아닌데, 한 오십 킬로미터는 걸은 기분이 드네요.

우선 화살표를 잘 따라갑니다. 그럼 테라 강Rio Tera을 건너는 다리 앞에 화살표가 나 있어요. 다리 옆 숲길로 말이죠. 라 바르카La Barca라는 공원 안내 표지판이 보이는 길로 내려오신다면, 당하시는 겁니다. 이쪽 길로 들어오지 말고 다리를 건너 직진하세요. 그 이후로는 길 안내가 잘 되어 있습니다. 표지판만 따라가면 문제 없죠. 칼사디야데테라Calzadilla de Tera와 오예로스데테라Olleros de Tera 마을을 지나고, 산길로 접어듭니다.

안내가 계속 잘 되어 있는 듯싶다가, 뚝 끊기는군요. 나무 사이로 조그맣게 나 있는 길을 통해 댐이 있는 방향으로 갑니다. 우리는 댐을 건너야 하니까요. 숲길을 걸을 땐, 누군가가 친절하게 나무에 양말 따위를 걸어서 길 표시를 해 놓았어요. 아무튼 포장된 도로로 나왔으면, 언덕을 올라 댐이 있는 곳으로 갑니다. 댐을 건너고부터

강이 보이면 오른편 숲길로 가지 말고 다리를 건너야 해요.

는 또 길 안내가 잘 되어 있어요. 비야르데파르폰Villar de Farfón 마을을 지나, 언덕을 몇 개 넘으면 목적지인 리오네그로델푸엔테Rionegro del Puente가 나옵니다. 숲길을 걸을 때 잔가지에 생채기가 나기 쉬우니, 긴팔을 입는 것이 좋아요.

 숙소

이용 요금 **7유로**
인터넷(Wifi) **사용 불가능**
주방 **사용 가능**

마을 입구에 바로 있어요. 화살표를 따라오면 딱 보이죠. 성당 건너편에 있습니다.

마을 입구에 바로 있어요.

 슈퍼

이 동네는 슈퍼가 없어요. 다만 바 센트럴Bar Central에서 빵은 팝니다. 바에서 인터넷도 돼요.

배를 채울 시간!

29

리오네그로델푸엔테에서 아스투리아노스
Rionegro del Puente to Asturianos

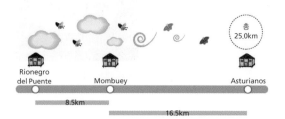

총
25.0km

Rionegro
del Puente

Mombuey

Asturianos

8.5km

16.5km

또 새로운 아침이 밝았습니다. 차 한 잔을 마시며, 머핀을 몇 개 집어먹었습니다. 배가 고프면 걷지 못하니까요. 화살표를 따라 움직이다 보니 숲길이군요.

비 온 뒤에 풀이 깔려 있는 숲길이 제일 까다로워요. 땅처럼 보여서 발을 내딛으면, 물인 경우가 많죠. 요리조리 물을 피해 보지만, 결국 초반부터 발목까지 푹 담그고 말았네요. 찝찝합니다. 게다가 첫 마을로 가다가 길도 잃었군요.

도로를 따라 걷다가 사람이 보이길래 가택에 무단 침입했습니다. 장발에 큰 배낭을 메고 몽둥이를 든 아시아인의 침입. 누구든 이런 낯선 사람이 집 마당에 발을 들여놓으면 당황할 것 같습니다. 정원에 계시던 아저씨가 돌아보는군요. 손에는 낫이 들려 있습니다. 여차하면…. 잽싸게 손을 들어 흔들며 인사를 건넸어요.

"아저씨, 이쪽이 몸부이Mombuey인가요?"

다행히 아저씨는 낫을 내리고, 친절하게 웃으며 고개를 끄덕여 주셨습니다. 덕분에 무사히 첫 마을에 도착했습니다.

가는 길에 슈퍼가 보여서 군것질거리를 샀죠. 가방에 고체 연료(초콜렛)를 충전했어요. 든든한 배낭을 메고 질퍽거리는 신발로 신나게 걷습니다. 어디선가 정겨운 소리가 들리는군요.

"왕왕!"

네. 개소리입니다. 점박이 달마시안이 제일 먼저 뛰어와 반기고, 그 뒤로 요크셔테리어가 달려오는군요. 그리고 뛰지도 않고 천천히 걸어오는 저 녀석, 달이 뜨지 않는 밤처럼 검은 털로 몸 전부를 감싼 채 다가오는 저 녀석은…. 개처럼 안 보입니다. 검은 늑대가 아닐까요.

'이럴 수가. 배낭에 은탄환은 없는데…. 초콜렛을 빨리 먹고 은 박지를 던져 볼까?'

세 녀석이 안정된 포위망을 구축해 갈 때. 주인이 발견하고 소리쳐서 개들을 불렀습니다. 다행히 주인 말을 잘 듣는 개들이었어요. 시키면 그 녀석도 길들여진 늑대인가 봅니다. 양치기라도 하나보죠, 뭐.

오늘 걸으며 신발이 목욕을 참 자주 합니다. 분명 길이라고 나있는 것 같은데, 시냇물처럼 물이 흐르는 길도 있군요. 숲인지 늪인지 모를 곳을 빠져나오니, 도로가 나옵니다. 도로는 걷기가 편하죠. 아스팔트 위를 계속 딛다 보니 발에 열이 나는군요.

푹 젖은 양말과 엄지발가락 사이에서, 새로운 종족이 탄생하는 듯한 느낌을 받았습니다. 아메바보단 머리가 좋지만, 어찌되었든 미생물인…. 탄생은 언제나 축하할 만한 일이지만, 무지 찝찝하네요.

코스 공략

첫번째 마을인 몸부이를 가다가 화살표가 끊겨 있습니다. 며칠 동안 내린 비 때문에 침수되어서 안 보였을지도 몰라요. 마지막 화살표를 따라 직진을 하면 사거리입니다. 직진 방향에 발파라이소Valparaiso라는 이정표가 보여요. 우리가 가려는 방향에 발파라이소는 없으니, 오른쪽으로 꺾어 N-525도로를 따라갑니다.

N-525도로는 그동안 오래 만나 왔던 N-630도로가 소개시켜

준 친구로, 우린 자주 만나며 즐거운 시간을 함께했죠. 그런 만남이 어디서부터 잘못되었는지….

하여간 우리의 새로운 친구인 N-525도로를 따라가면, 첫 번째 마을인 몸부이가 나와요. 몸부이 마을을 나가면, 도로 두 개 사이의 숲길로 계속 직진합니다. 길 초반에 N-525도로 앞에서 왼쪽으로 꺾는 구간이 나와요. 여기서 길을 따라 꺾어가면, 고가를 넘어 알 수 없는 길로 가게 됩니다. 이 길에서 직진을 해서, N-525도로 바로 앞에서 왼쪽으로 꺾어야 해요. 풀을 밟으며 말이죠.

가끔씩 보이는 화살표를 따라 계속 앞으로 가면, 어느새 화살표가 끊깁니다. N-525도로와 나란히 계속 가세요. 중간에 숲길이 끊기면 N-525도로를 따라 쭉 갑니다. 그럼 목적지인 아스투리아노스Asturianos에 도착해요.

N-630 대신 함께하게 된 N-525도로

숙소

이용 요금 **4유로**
인터넷(Wifi) **사용 불가능**
주방 **사용 불가능**

카르멘 식당Bar el Carmen을 지나 오른쪽
골목으로 들어가세요. 골목에서 왼쪽 길을
통해 언덕을 올라갑니다. 올라가면서 오른
편을 보면 커다란 녹색 지붕 건물이 보여요.
그 건물이 알베르게가 있는 건물입니다. 바
왼쪽 길로 돌아서 들어가면 돼요.

커다란 녹색 지붕 건물이
알베르게예요.

 ## 슈퍼

이 동네는 슈퍼가 없어요. 바에서 다음날 간
단히 먹을 샌드위치나 과자 따위를 팔아요.

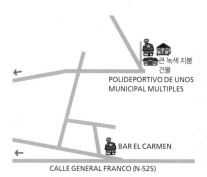

큰 녹색 지붕
건물
POLIDEPORTIVO DE UNOS
MUNICIPAL MULTIPLES

BAR EL CARMEN

CALLE GENERAL FRANCO (N-525)

간단한 음식은 여기서

맑은 날도, 궂은 날도 우리는 걷습니다.
태양을 피하러 온 것도 아니고,
비를 피하러 온 것도 아니니까요.
우리는 걸으러 왔습니다.

먼저 가는 송충이를 따라 길게 행렬이 이어집니다.
앞의 송충이에 따라 운명이 결정돼요.
혹시 당신도 맹목적으로 남을 따르진 않나요?

30

아스투리아노스에서 레케호
Asturianos to Requejo

Asturianos	Otero de Sanabria	Puebla de Sanabria	Requejo

총 28.5km

9km

7.5km

12km

전날 젖었던 신발이 다행히 다 말랐습니다. 뽀송뽀송한 양말을 신고, 상쾌한 아침 공기를 마시며 출발했어요. 노란 화살표가 나뉘는군요.

'자전거는 도로를 따라 가세요. 걷는 사람은 숲길로!'

숲길로 들어서니, 늪입니다. 출발한 지 얼마 되지도 않았는데 신발을 발목까지 물에 푹 담갔어요. 괜히 애꿎은 낙엽을 발로 차며 구시렁댔죠.

"아이! 씨○▲×■…!"

내가 걷는 길을 물도 함께 흐릅니다.

'졸졸졸.'

흐르는 물 소리는 듣기 좋지만, 신발이 젖어서 발이 시렵네요. 계속 젖다 보니 적응이 됩니다.

'자연이 원래 이런 거지 뭐. ○▲×■….'

조그만 마을을 몇 개 지나, 오테로데사나브리아_{Otero de Sanabria}에 도착합니다. 개가 많네요. 커다란 개를 피해, 건물의 그림자에 몸을 숨깁니다.

조심조심 걸어가는데, 개 한 마리가 절 쫓아오는군요. 별로 악의는 없어 보였지만, 보이는 얼굴이 다가 아니죠. 조금 걸어가니 앞에서 세 마리의 개가 걸어옵니다. 절 따라오던 녀석은 단지 저의 시선을 끌기 위한 거였군요. 제 옆의 그 녀석도 어느새 합류해서 네 마리. 한 마리가 앞장서서 짖습니다.

"왕왕왕왕왕!"

그동안 살면서 배웠던 모든 주문을 '산 루에고의 지팡이'에 쏟아 부었습니다.

'하쿠나마타타, 아브라카타브라, 도막사라무, 알라깔라또깔라미또깔라미띠, 아싸 가오리!'

다행히 세 마리는 지켜만 보고, 한 마리만 저에게 적의를 보였습니다. 주문이 걸린 지팡이 덕에 목숨을 건지고 무사히 마을을 지났죠.

조그만 마을을 하나 더 지나고, 커다란 동네에 도착했습니다. 슈퍼에서 먹을 것도 좀 사고 약국에 들렀어요. 전에 비가 엄청 오던 날, 몸에서 버섯이 자랄 것 같던 날, 손에 조그맣게 무언가 이상한 게 났거든요. 그날 워낙 손이 시려웠기 때문에, 동상인가 보다 하고 대수롭지 않게 넘어갔어요. 근데 이게 자꾸 커지고 번지는 겁니다. 왼손에만 있던 게 오른손까지 번졌어요. 세계 정복을 꿈꾸는 새로운 종족이 탄생한 거죠. 약국에 가서 설명했습니다.

"큰일났어요. 여기가 가려워요. 이건 세계 정복을 꿈꾸는 미생물의 음모예요."

약사 아주머니는 약을 들고 나오며 저에게 말했습니다.

"이걸 하루에 두 번…."

저는 안심한 듯 대답했죠.

"네. 아침 저녁으로 먹으면 되나요?"

저 약을 먹으면 왠지 나을 것 같습니다.

"이건 연고라오. 이게 새 살이 돋아나는 연고였으면 어쩌려고…. 하루에 두 번 바르시오."

알레르기 연고를 받자마자 발랐습니다. 한 번 발랐는데 나아지는 기분이에요.

반은 더 왔으니, 조금만 더 걸으면 됩니다. 그런데 오늘따라 햇빛이 강하네요. 바로 어제만 해도 바람이 차갑더니, 오늘은 가방에 넣어둔 초콜렛이 녹아서 죽이 될 만큼 햇빛이 세군요. 치즈는 가방 깊숙이 넣어두어서 다행입니다.

아지랑이가 피어오르는 아스팔트를 계속 따라가다 보니, 일사병 걸리겠습니다. 그늘이 보여서 냉큼 걸어가 좀 쉬었어요. 그 때, 빠르게 달려가던 차 한 대가 유턴을 해서 제 앞에 멈추어 섭니다.

"여권을 보여 주겠나?"

전에도 한번 검문을 당했는데, 오늘 또 검문을 하는군요. 가방을 풀어 여권을 꺼내 주었습니다. 그러자 둘이서 뭐라고 잡담을 시작하네요.

"생긴 건 멕시코 사람인데 한국 여권을 가지고 있네."

"여권 사진은 동양인이고, 머리도 짧아. 저 사람은 누구지?"

여권을 한참 뒤적거리며 알아들을 수 없는 잡담을 하기에 물었습니다.

"뭐 문제 있어요?"

다시 문제 없다며 여권을 돌려주고, 떠납니다. 하긴 멕시칸이나 한국인이나 다 외국인이니 문제 없죠. 자. 좀 쉬었으니, 또 걸어볼까요.

'해가 왼쪽에서만 비추어서, 반쪽만 타겠군.'

더 탈 것도 없는데 별 쓸데없는 걱정을 다 하며 걸었습니다. 조그만 마을 하나를 더 지나 목적했던 마을에 도착했어요.

이런, 신발을 벗으니 세계 정복을 꿈꾸는 미생물들의 냄새가 납니다. 내일은 깔창을 깨끗이 빨아서 햇빛에 말려야겠어요.

코스 공략

마을을 나와 도로를 따라가면 화살표가 보입니다. 화살표를 따라가면 숲길이 나오죠. 길이라기보다 늪입니다. 신발이 장화가 아니라면, 젖을 수밖에 없는 길이죠.

팔라시오스데사나브리아Palacios de Sanabria 마을에서 성당 앞쪽 길로 내려오면 안내가 보입니다. 성당 뒤쪽의 숲길을 따라가면, 도로를 따라 다시 내려와야 하죠. 그 이후로는 길 안내가 잘되어 있는 편입니다.

레마살Remesal 마을을 지나, 오테로데사나브리아에 가는 길은 좀 덜 친절해요. 숲길을 지나 갑자기 왼쪽에 도로가 가까워집니다. 계속 진행하다 보면 앞에 도로가 보여요. 왼쪽으로 다리가 나 있죠. 걷던 길은 오른쪽으로 이어지고요. 여기서 화살표가 그리 눈에 띄지 않아 오른쪽으로 가기 쉽습니다. 다리를 건너 왼쪽으로 가야 해요. 왼쪽 길을 따라 걸으면, 화살표가 좀 드물게 있습니다. 큰 전신주가 보이는 방향으로 가서, 전신주를 끼고 오른쪽으로 꺾어 내려가면 돼요. 내려가다 보면 화살표가 안 보이는데, 어쨌든 길 끝까지 가면 마을이 보이니 마을에서 다시 화살표를 찾으면 됩니다.

오테로데사나브리아에서 성당을 지나면, 왼쪽으로 가라는 화살표가 보입니다. 무시하고 직진하세요. 직진하면 다시 화살표가 나오거든요. 그 이후로는 안내가 잘 되어 있습니다.

도로를 따라 트루이페Truife를 지나, 커다란 마을인 푸에블라데사나브리아Puebla de Sanabria에 도착합니다. 이 마을에서 큰길을 따라

가시다 보면, 슈퍼마켓 체인인 디아가 있어요. 점심거리가 없다면 이곳에서 먹거리를 사 가시면 되겠습니다.

계속 도로를 따라 가다가 다리를 건너 오른쪽 방향으로 걸어요. 이제부턴 계속 N-525를 따라 걷습니다. 가다가 왼쪽으로 희미하게 안내가 되어 있는 길이 있는데, 가면 숲길로 향하는 길이 보여요. 숲길의 유혹에 빠지지 말고, 가던 길을 따라 직진하세요. 그럼 다시

이 성당의 왼쪽 화살표는 쓸모가 없어요.

N-525도로로 나옵니다. 한참 N-525도로를 따라가면 오른쪽으로 꺾는 길이 나와요. 이곳부터는 숲길입니다. 숲길을 지나면 테로소 Terroso 마을이 나오고, 다시 숲길을 따라 조금 더 걸으면 목적지인 레케호Requejo에 도착해요. 푸에블라데사나브리아부터는 N-525도로와 크게 멀어지지 않으니, 길을 가다 도로와 너무 멀어진 것 같다면, 도로 쪽에 가깝게 걸으시면 돼요.

숙소

이용 요금 **5유로**
인터넷(Wifi) **사용 불가능**
주방 **사용 불가능**

마을에 들어와서 화살표를 따라오다 보면, 슈퍼가
보입니다. 슈퍼 아주머니가 공공 알베르게 호스피
탈레로예요. 슈퍼에 가서 아주머니께 문을 열어 달
라고 하시면 됩니다.
공공 알베르게 길 건너편에는 사설 알베르게Casa
Cerviño가 있어요.

슈퍼에 가서 문을
열어달라고 하세요.

 슈퍼

화살표를 따라오다 보면 슈퍼가 있습니다. 혹시 알
베르게 문이 잠겨 있으면, 이곳에 가서 문을 열어
달라고 하세요. 이 지방에서 나는 치즈가 맛있더라
고요.

치즈가 맛있어요.

사설 알베르게
CASA CERVIÑO

공립 알베르게

CTRA DE LA
PUEBRA DE SANABRIA(N-525)

ALIMENTACIÓN DORY
알베르게 문의는 여기서

31

레케호에서 루비안
Requejo to Lubián

총
19.2km

Requejo

Lubián

알베르게에서 나와 푸르른 하늘을 한번 올려다보고 걷습니다. 상쾌한 숲의 아침 공기. 지저귀는 새소리. 그리고….

"왕왕왕왕!"

아침부터 개입니다. 개를 여러 마리 키우는 집인데, 깜빡하고 한 마리를 안 묶어 놨어요. 아님 일부러 풀어 놨든지….

'난 너희 집에 들어갈 생각이 없어.'

지팡이를 흔들며 설득을 해 봐도 소용이 없군요. 집에서 한참 멀어질 때까지 쫓아오며 짖어 댑니다. 이건 뭐 떡 하나 주면 안 잡아먹는다는 소린지. 당최 개소리는 알아들을 수 없네요. 뭐 덕분에 잠은 제대로 깼어요.

숲길로 접어들었지만, 오늘은 길에 물이 적은 편이었습니다. 발목까지 젖는 건 피할 수 있었어요. 돌 위로 깡총깡총 뛰거나, 지팡이로 땅 짚고 벽 타기 등의 묘기가 좀 필요했지만 말이죠.

물도 맑은 계곡물이라 좀 젖어도 별로 찝찝하지 않습니다. 언덕 좀 걸어 올랐다고 숨이 턱까지 차는군요. 계곡에서 잠시 쉬어갑니다. 꼭 피서 온 기분이군요. 햇빛이 강하게 내리쬐지만, 나무가 막아주어 시원합니다. 얼마쯤 갔을까. 대로에 나무가 쓰러져 있습니다.

'이건 산적들이 마차를 털 때 쓰는 수법인데….'

다행히 산적들은 경찰이 다 잡아 갔나 봐요. 아무런 인기척도 없네요. 산책하는 기분으로 룰루랄라 걸어서, 목적했던 마을에 도착했습니다. 알베르게가 보이지 않는군요. 주민이 보여서 물었습니다.

"안녕하세요. 여기 알베르게가 어디죠?"

아저씨는 고개를 설레설레 저으며 말합니다.

"이 동네는 없어. 한 20킬로미터만 더 걸어.^^"

갑자기 정신이 혼미해집니다. 쉴 때마다 군것질도 하면서 왔는데, 왜 이렇게 어지러울까요. 계속 움직이다 보니 슈퍼가 보입니다. 슈퍼 아저씨에게 다시 물었어요.

"아저씨, 알베르게 어디예요?"

절 창가로 데리고 가서 손가락으로 가리키며 말하시더군요.

"저어어어기 보이는 건물이네."

마을 입구에서 보았던 건물이네요. 슈퍼에 온 김에 장을 봐서 알베르게로 왔습니다. 초인종을 눌러 봐도 반응이 없네요. 열쇠를 받으려고 면사무소에 가 보아도 사람이 없어요. 면사무소 옆집 아줌마가 빨래를 널다가 묻습니다.

"알베르게 가니?"

"네. 그런데 열쇠가 없어요."

아주머니는 양 손으로 미는 시늉을 합니다.

"팍 밀어!"

고맙다고 인사를 하고 알베르게에 와서 문을 팍 밀어보니 열리는군요.

'좋았어!'

미생물 냄새가 나는 신발 깔창을 빨아 햇빛에 말렸습니다. 이젠, 냄새가 안 나겠죠?

이 터널을 지나가면 노란 화살표가
있어요.

동사무소 앞 화살표를 따라 내려가
면 작은 도로를 걷습니다. 도로가
끝나면 숲길로 접어들죠. 본격적
인 산길의 시작입니다.

처음엔 계속 올라가는 길만
있고, 나중엔 심심하지 않게 내
리막길도 섞여 있어요. 길 안내
가 잘 되어 있는 편입니다. 헷갈
릴 만하면 화살표가 하나씩 있
죠. 산을 올라와 도로 옆으로 걷
는 구간이 있어요. 도로 옆을 따
르다 본 마지막 화살표 이후로,
화살표가 없습니다. 중간에 도로 밑으로 지나가는 터널이 보이나,
무시하고 앞으로 가세요. 계속 걸으면, 막다른 길입니다. 오른쪽에
도로 밑으로 지나가는 터널이 있어요. 이 터널을 지나가면 오랜만에
노란 화살표를 만날 수 있죠. 화살표를 따라 길을 건너서 ZA-106도
로를 따라 걷습니다. 계속 진행하면 왼쪽에 숲으로 내려가는 길이
나와요.

숲길을 따라 이동하다 보면 한번 좀 혼란스러운 사거리가 나옵
니다. 오른쪽으로 가라는 희미한 화살표가 있거든요. 이 화살표는,
'오른편에 보이는 길로 직진하라'는 뜻입니다. 이 길에서 직진하면

아시베로스Aciberos 마을이 나와요. 마을을 지나 계속 화살표를 따라 걸으면 루비안Lubián 마을입니다.

 숙소

이용 요금 **5유로**
인터넷(Wifi) **사용 불가능**
주방 **사용 가능**

마을에 들어오면, 카미노 안내 표지판이 있습니다. 다음 알베르게는 어디고…. 앞으로 루트는 어떻고…. 이런 표지판이죠. 이 표지판 바로 뒤의 건물이 알베르게입니다.
문이 잠겨 있다면 우선 세게 밀어보시고, 안 열리면 문 앞에 붙어 있는 종이의 약도를 따라 가세요. 침대는 많은데, 화장실이 딱 하나라서 사람이 많으면 좀 불편합니다.

알베르게 앞에서

 슈퍼

알베르게를 지나, 카미노 진행 방향
으로 계속 따라가면 보입니다.

알록달록한 옷이 가지런하게 널려 있습니다.
비가 오지 않는 날에 밀렸던 빨래를 왕창 해서 널었나 봐요.
줄에 걸린 빨래를 보며 사람 사는 동네의 온기를 느낍니다.

뎅… 뎅… 뎅….
종소리가 울립니다.
해가 졌으니 저녁을 먹고 일찍이 잠자리에 들라는 거죠.
코를 심하게 고는 순례자도 있으니 그보다 일찍 잠들면 좋아요.

32
루비안에서 아구디냐
Lubián to A Gudiña

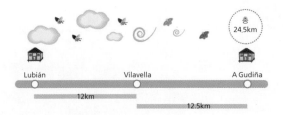

총
24.5km

Lubián   Vilavella   A Gudiña

12km

12.5km

"그건 3유로네."

꿈을 꿨습니다. 큰 슈퍼마켓에서 판초 우의를 고르고 있는 꿈이었어요.

"입어 봐도 괜찮네. 물건이 아주 잘 나왔어."

입어 보니 몸에 잘 맞더군요. 재질도 좋았어요. 주인 아저씨는 1유로짜리부터 3유로짜리까지 다양한 가격대의 판초를 보여 주었습니다. 2유로짜리 판초 우의가 가격 대비 가장 마음에 들더라고요. 그걸 사서 막 나오는데! 꿈에서 깼습니다. 아침이군요.

꿈에서 뜬금없이 웬 판초 우의를 샀을까요. 전에 비를 왕창 맞고, 판초 우의를 사려고 한 적이 있습니다. 쓰레기 봉투에 팔 들어갈 자리를 만들어 놓은 우비밖에 없더라고요. 한 번 쓰면 버려야 할 물건이어서 안 사고 그냥 나왔었죠. 그날의 일이 마음에 남아 있었나 봅니다.

아침을 챙겨 먹고 나왔어요. 아침 공기는 언제나 상쾌합니다. 어젠 구름 한 점 없었는데, 오늘은 하늘 한 점 없이 흐립니다. 하루 만에 구름으로 뒤덮였어요.

'아무래도 조만간 또 비가 내리겠군. 예지몽이었어.'

잡생각을 하면서 걷고 있었죠.

"이봐. 아침 공기가 좋군."

분명 혼자 걸어가고 있었는데, 말하는 소리가 들려 깜짝 놀랐어요. 무의식중에 지팡이를 움켜쥐고 방어 태세를 갖추었죠. 누군가 봤더니, 어제 같은 알베르게에 묵었던 독일 아저씨군요.

'고양이띠인가…. 무슨 사람이 배낭을 메고도 발소리가 없어.'

자기 뒤에는 아무도 없다며 걱정 말랍니다. 뭐 혹시 있더라도, 한번 놀랐으니 다음엔 좀 덜 놀라겠죠.

오늘도 여전히 산길입니다. 아직 자고 있는 나무 몇 그루가 산에 누워 있군요. 가다 보니 한둘이 아닙니다. 어제 나무들이 만우절 기념 회식이라도 했나 봅니다. 오늘따라 아따거따거 나무가 많군요. 반팔을 입고 이 나무 사이를 지나가면, 팔이 쓸려서 자연스럽게 "아, 따거, 따거!" 소리가 나오죠.

오늘도 바닥에 물이 흥건해요. 어제 신발 깔창에서 꽃향기 나도록 빨았는데, 오늘 또 젖습니다. 벽 타고 걷기를 시도해 보았지만, 물을 아주 피해갈 순 없었네요. 거리에 비해서 시간이 좀 오래 걸리긴 했지만, 하여간 알베르게에 도착했습니다.

문은 잠겨 있고, '들어가고 싶으면 전화 주세요.' 라고 써 있군요. 전화번호를 적어서 공중전화로 갔습니다. 1유로를 넣고 전화를 거니 0.25유로가 떨어지는군요.

"여보세요. 알베르게 닫혀 있더라고요. 전 스페인어 못해요."

오후 네 시에 문을 열어준다고 하더군요. 알았다고 하고, 전화를 끊었습니다. 남아 있던 0.75유로가 나오지 않는군요. 다음에 전화 걸 일이 있으면 적은 동전을 넣어야겠습니다. 2유로짜리를 안 넣어서 참 다행이에요.

안내가 잘 되어 있는 편입니다. 화살표만 따라가다 보면 무리 없이 목적지에 도착할 수 있게 해 놨죠. 다만 숲길에서 약간의 혼란이 생길 만한 부분이 있는데요. 전신주가 보이는 곳에서 양 갈래 길이 있습니다. 하나는 올라가는 길이고, 하나는 아따거따거 나무를 지나가는 평지죠. 위쪽으로 올라가는 길이 맞습니다.

아따거따거 나무를 헤치고 가면 길이 끊기지만, 위쪽 길로 올라가기에 무리 없이 길이 나 있어요. 그 다음부턴 또 별 문제 없습니다.

가다가 철문을 지나는 곳이 있어요. 아주 단단하게 잠겨 있죠. 굳이 열려고 하지 말고, 철문 오른쪽에 사람이 지나갈 수 있는 길을

두 화살표, 다리를 건너 직진하세요.

따라 가세요.

오카니조0 Cañizo 마을에 약간 혼란스러운 화살표가 하나 있어요. 직진 화살표와 오른쪽으로 가는 화살표가 그려져 있죠. 오른쪽에 보면, 오른쪽이 맞다는 듯, 다른 화살표가 또 보입니다. 하지만 다리를 건너 직진하세요.

그 이후로는 화살표 따라가는데 어려움이 없었습니다. 도로로 나오면 차가 쌩쌩 달리니 차 조심하시고요. 갓길을 따라 이동하다 보면 아구디냐A Gudiña 마을에 도착해요.

 숙소

이용 요금 **5유로**
인터넷(Wifi) **사용 불가능**
주방 **사용 가능**

마을에 들어오면, 알베르게 안내 표지판이 있습니다. 터널 앞에서 오른쪽으로 올라가라고 설명이 되어 있는데, 올라가면 철도를 건너야 해요. 그럴 필요 없이 철길 밑 터널을 지난 다음에, 오른쪽에 보이는 언덕길로 올라가면 됩니다.

꼭 이 철길을 건너야 하는 건 아니에요.

슈퍼

큰길 모퉁이에 있습니다. 알베르게에 가기 위해 꺾는 모퉁이예요.

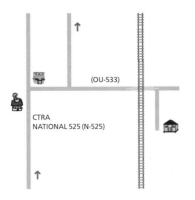

오…늘도 밥을 먹어야죠?!

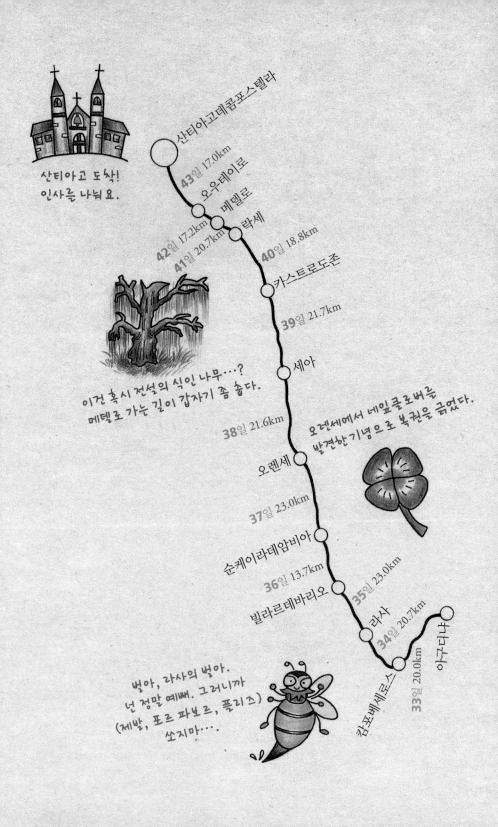

산티아고데콤포스텔라

산티아고 도착!
인사를 나눠요.

43일 17.0km

오우테이로
메텔로
41일 20.7km
42일 17.2km
락세

40일 18.8km

카스트로도존

39일 21.7km

이건 혹시 전설의 식인 나무…?
메텔로 가는 길이 갑자기 좀 솎다.

세아

38일 21.6km

오렌세에서 네잎클로버를
발견한 기념으로 복권을 긁었다.

오렌세

37일 23.0km

순케이라데암비아

36일 13.7km

빌라르데바리오

35일 23.0km

라사
34일 20.7km
33일 20.0km
깜포베세로스
아다다다아

벌아, 라사의 벌아.
넌 정말 예뻐. 그러니까
(제발, 포르 파보르, 플리즈)
쏘지마….

4장

관상 보니 좀 걷게 생겼어, 너

아구디냐에서 산티아고데콤포스텔라까지

33

아구디냐에서 캄포베세로스
A Gudiña to Campobecerros

총
20.0km

A Gudiña　　　　　　　　　Campobecerros

"휘유우우우웅~!!!!!!!!!!!"

바람 소리에 눈을 떴습니다. 밖에 바람이 무척 세차게 부는군요. 하늘이 온통 회색으로 뒤덮여 있습니다. 아무래도 비가 올 것 같아요. 짐을 꺼내 하나하나 정성스레 비닐 봉투로 포장을 하고 배낭에 넣었습니다.

알베르게 밖으로 나오니, 마을에 안개가 가득 끼었군요. 이런 분위기는 공포 영화 세트장에나 가야 느낄 줄 알았는데, 이렇게 생생하게 체험하게 될 줄은 몰랐습니다. 왠지 모를 긴장감이 느껴지는 거리를 홀로 걸어가니, 영화의 주인공이 된 기분이군요.

'주인공이니까 죽진 않겠지?'

눈에 보이는 모든 것들이 다 공포스러운 분위기를 조성합니다. 이러다 똥이라도 밟으면 깜짝 놀라 패닉 상태에 걸리겠어요.

'영화는 영화일 뿐이다. 아직 진짜로 좀비가 나왔다는 뉴스는 본 적이 없어.'

마음을 가다듬으며, 산간 도로를 따라 걷습니다. 아까 숙소 안에서 들었던 바람 소리는 장난이었군요. 빵빵하게 불어 놓은 풍선에서 빠지는 바람처럼, 엄청난 압력으로 얼굴을 때립니다. 냉동실에 선풍기 틀어 놓고 있는 느낌이에요. 알지도 못하는 사이에 콧물이 주룩주룩 흐르는군요. 이러다 얼어 죽겠다 싶어, 가방에서 모자와 버프를 꺼내 썼습니다. 조그만 천쪼가리들이 무슨 도움이 될까 했지만, 덕분에 상당히 따뜻해졌어요. 그래도 가만히 앉아 있으면 추우니, 쉬지도 못하고 계속 걸었습니다.

마을 몇 개를 지나 점심 시간이 다 되어서 날이 좀 풀리기 시작하네요. 좀 살 것 같아요.

마음에 여유가 생겨서 주변을 둘러보니 경치가 썩 좋습니다. 평소엔 고개를 높이 들어야 보이던 구름이, 바로 눈앞에 떠 있네요. 이 동네가 높긴 한가 봐요.

목적한 마을에 도착할 때쯤엔 해가 쨍하고 나서 땀을 흘렸습니다. 날씨가 절 담금질하나 봐요. 얼굴이 무쇠처럼 튼튼해지겠어요.

전기가 들어오지 않는 숙소에서, 아주 캄캄한 밤에 화장실에 갔습니다. 실내엔 작은 불빛조차 없었죠. 그런데 컴컴한 화장실로 빛이 들어오는 겁니다. 창가로 다가가니 별빛이 새어듭니다. 구름만 가까이서 보이는 줄 알았는데, 별들도 팔을 뻗으면 닿을 듯 느껴집니다.

저 많은 별이 평소엔 어디서 숨어 지내는 걸까요?

 코스 공략

마을에서 화살표를 따라가면 갈림길이 있습니다. 왼쪽은 베린Verin 으로 가는 방향이고, 오른쪽이 라사Laza로 가는 길이에요. 오른쪽 길을 따라가면 도로가 나옵니다. 마을을 몇 개 지날 때까지 도로를 따라 계속 걸으면 돼요. 화살표 안내도 잘 되어 있는 편이라 걷기가 참 수월합니다. 다만 지대가 높고, 주변이 뻥 뚫려 있어서 바람이 많이 불어요.

벤다볼라뇨Venda Bolaño 마을을 지나고 도로를 따라 좀 더 걸으

스페인판 성황당, 이 아래가 지름길이에요.

면, 도로에서 빠져나와 안내를 보면 왼쪽의 산길을 가리킵니다. 그
산길을 따라 이동하다 보면 아래쪽에 마을이 보여요.

　　마을로 내려가는 길에, 돌무더기가 쌓여 있는 곳이 있습니다.
그 돌무더기 쪽으로 내려가면 지름길(?!)인데요. 돌이 미끄러워 넘
어질 수도 있고, 거리도 별 차이 없으니 제대로 된 길을 따라가는 것
이 안전합니다. 잘 만들어진 도로를 따라 걷는 길이라, 이 코스에서
발은 고생하지 않았어요.

숙소

이용 요금 **5유로**
인터넷(Wifi) **사용 불가능**
주방 **사용 불가능**

마을을 들어서자마자, 오른쪽에 알베
르게 안내 표지판이 보입니다. 표지판
을 따라 한참 걸어 올라가면, 기찻길
건너편에 알베르게가 있어요. 시설은
깨끗하고 좋습니다. 하지만 전기가 들
어오지 않는 곳이라 발전기를 돌리는
데요. 밤 **10**시에 발전기를 끕니다. 그
이후로는 히터도, 전기도, 물도. 사용할
수 없어요.

기찻길 건너편 알베르게

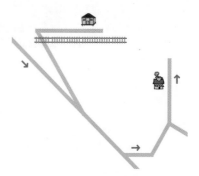

 슈퍼

슈퍼가 없습니다. 밥은 마을에 하나뿐
인 바에서 먹으면 돼요.

마을에 하나 있는 바

시원해 보이는 강물에 당장에 달려 내려가 뛰어들고 싶습니다.
그런데 코가 시릴 정도로 추워서 수영은 엄두를 못 내겠더라고요.
다음에는 여름에 걸어야겠어요!

34
캄포베세로스에서 라사
Campobecerros to Laza

총
29.5km

Campobecerros

Laza

"삑삑, 삑삑…."

알람이 울리네요. 하지만 몸은 더욱 움츠러들어 이불 속으로 파고듭니다. 히터가 꺼진 방은 입김이 나올 정도로 춥거든요. 정신은 깨어났지만, 몸이 깨어나질 못합니다. 결국 해가 뜨고, 새들이 지저귈 시간이 되어서야 일어났네요.

밖에 나와 보니 햇살이 따스합니다. 전날 하늘에 별이 유난히 밝더니, 날씨가 참 좋아요. 구름이 싹 걷혔더라고요.

오늘부터는 평균 걷는 거리를 줄여갑니다. 급 브레이크는 안 좋으니까, 최종 목적지까지 부드럽게 줄여갈 생각이에요. 길도 편하고, 날씨까지 좋으니 발걸음이 가볍습니다. 풀 냄새. 나무 냄새. 그리고 꽃 냄새도 납니다. 봄 분위기가 나요. 새들도 좋아진 날씨에 대한 수다를 떠는지 유난히 밝게 재잘거리네요. 나비도 날아다니고, 참 평화로운 길입니다. 그러다 발견한 엄지손가락만 한 곤충.

'엇, 저건!'

엄청 커다란 벌입니다. 날아다니는 소리가 참 위협적이네요. 머리 위로 벌이 날아갈 때는 목이 뻣뻣이 굳습니다. 살면서 벌에 몇 번 쏘여 보긴 했지만, 별로 유쾌하지 못했거든요. 게다가 저런 커다란 벌에 쏘인다면, 좀 따가운 정도로는 끝날 것 같지 않습니다. 목에 쏘인다면, 퉁퉁 부어서 머리가 두 개가 될지도 몰라요. 어찌되었든지 벌이 많은 곳에서는,

'나는 자연을 사랑하고, 특히 벌을 사랑한다는 걸 오늘 알았네.'

라고 안심을 시키며 무사히 지나갔습니다.

거닐다 보니 소나무 숲이 나오네요. 소나무 숲은 뜨거운 햇빛

도 가려 주고, 사랑스러운 벌도 안 보여서 좋군요.

코스 공략

도로의 화살표를 따라 포장된 도로를 걷습니다. 차는 잘 안 다녀요. 화살표 안내도 잘 되어 있어요. 다만 소나무 숲이 처음 시작되는 곳이 약간 혼란스러웠습니다. 직진하는 길과, 오른쪽으로 꺾는 길이 나오거든요. 소나무 쪽으로 직진하세요. 그 이후로는 화살표만 잘 따라가면 목적지에 도착하실 수 있습니다.

화살표 안내가 앙증맞게 잘 되어 있어요.

242

숙소

이용 요금 **5유로**
인터넷(Wifi) **사용 불가능**
주방 **사용 가능**

안내를 따라오다 보면, 알베르게 리셉션 안내
표지판이 있습니다. 민방위 사무소Protección
Civil에서 크레덴시알에 도장도 찍고, 열쇠와 침
대 시트를 받아 알베르게로 올라가면 됩니다.
제가 묵은 방은 전구가 나가서 어두웠지만, 시
설은 깨끗하고 마음에 들었습니다. 중앙 난방
식으로 따뜻했어요.

열쇠 받아가세요!

 슈퍼

카미노 진행 방향으로 걸어가다 보
면 사거리가 나옵니다. 사거리에 슈
퍼가 하나 있고, 왼쪽 골목으로 꺾어
들어가다 보면 슈퍼가 하나 더 보입
니다.

슈퍼가 목 좋은 곳에 자리잡았어요.

꽃 주변에는 벌레가 많습니다.
미안하지만 이 자리에 임자 있어요!
꽃구경 나온 사람보다 먼저 자리를 잡고 앉아서 잔치를
벌이고 있어요.

35

라사에서 빌라르데바리오
Laza to Vilar de Barrio

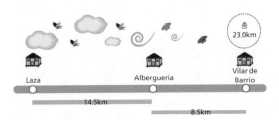

총 23.0km

Laza   Albergueria   Vilar de Barrio

14.5km

8.5km

알베르게의 라디에이터가 돌아가지 않길래, 추위에 떨며 자겠구나 했었죠. 알고 보니 중앙 난방식이네요. 따뜻하게 잘 잤어요.

잘 자다가, 알람이 울리기 전에 눈을 떴습니다.

'뭐지? 천둥 소린가? 비가 오는 거야?'

이곳 알베르게는 방이 여러 개 있어요. 방 하나당 이층 침대가 4개씩, 총 8명이 잘 수 있죠. 저를 눈뜨게 한 자연의 소리는, 대각선 방향 침대에서 자던 한 순례자의 코고는 소리였습니다. 그래도 전 둔감한 편이었나 봐요. 방 침대가 대부분 비어 있길래 복도에 나가 보니, 몇몇이 매트리스를 들고 복도에 나가서 자고 있더군요. 하긴 소리가 크긴 컸어요. "야! 일어나!"라며 천둥의 신이 귀에다 소리치듯 말이죠. 같은 방에서 자던 사람들은 모두 아침부터 피곤한 기색입니다.

밖에 나오니 하늘이 참 맑군요.

'뭐야, 하늘에 구름 한 점 없는데 왜 이렇게 추워.'

하늘이 맑은 날엔 따뜻한 게 보통인데, 너무 일찍 나왔나 봅니다. 그래도 곧 따뜻해질 거라는 희망을 가지고 걷습니다.

도로를 따라 걷는 내내 쌀쌀하다가, 언덕길에 오르니 햇살이 따뜻해지는군요. 고체 연료로 에너지도 보충하고, 점퍼도 벗어 배낭에 넣었어요.

언덕길을 오르며 보니 꽃이 많군요. 벌레도 많습니다. 전날은 손가락만 한 땅벌이 가끔씩 날아다니더니, 오늘은 날개 달린 개미들이 엄청 많습니다. 게임을 좀 즐기시는 분에게 설명하자면. 어젠 배틀크루져 한 대씩 날아다녔고, 오늘은 레이스가 세 부대씩 날아다니는 거예요. 그들은 시끄럽게 날아와서, 머리나 어깨에 앉곤 합니다. 그냥 호기심이겠죠. 뭐 물거나 하려고 그런 건 아닐 거예요. 그래도 마냥 긴장이 되는군요.

숲길을 떠나 도로로 나왔을 때 참 안심이 되었습니다. 도로가 이렇게 반가운 적이 없어요. 하지만 잠시 도로를 걸으면, 또 그들의 땅입니다. 이번엔 땅벌과 날개미들이 사이좋게 날아다니는군요. 날개미가 이렇게 많은 게 아무래도 이상합니다. 날짜를 보니 4월 5일이군요. NGONal Gemi organization에서 기념 식수라도 심으러 이곳에 모였나 봅니다. 그 와중에 땅벌은 제 코앞을 신나게 오가는군요. 나무 심으러 온 곤충들 때문에 조심조심 걸어가는 제가 좀 우습기도 하더라고요.

'토루크 막토만 있었어도 이 녀석들을 겁내지 않았을 텐데….'

토루크 막토가 아니라 양봉하는 아저씨들이 쓰는 모자라도 챙겼다면! 위풍당당 행진곡처럼 당당하게 걸어갔을 텐데, 아쉽습니다.

코스 공략

마을에 들어올 땐 참 친절하게 안내가 잘 되어 있었는데, 나가려고 보니 중간에 안내가 끊깁니다. 사우텔리뇨Souteliño라는 이정표가 보이는 사거리에서 아무런 표시가 없어요. 이 사거리에서 오른쪽으로 꺾어, 도로를 따라 가시면 됩니다.

도로를 따라 사우텔로베르데Soutelo Verde와 타미셀라스Tamicelas

오른쪽이 맞아요. 도로를 따라갑니다.

를 지나면 언덕이 시작돼요. 알베르게리아Albergueria까지는 계속 오르막입니다. 알베르게리아를 지나서는, 약간 오르막길이 있다가 내리막길이 이어집니다.

　　마을을 지나 처음 나오는 도로를 지나면, 소나무가 무성한 숲길로 접어들어요. 숲길에서 갈림길이 몇 번 나옵니다. 이 길은 화살표 표시가 잘 된 구간도 있고, 안 되어 있는 부분도 있어요. 다음 도로가 나올 때까지, 갈림길이 나오면 오른쪽 길로 가세요. 도로부터 다시 안내가 되어 있습니다. 빌라르데바리오Vilar de Barrio 마을은, 알베르게나 슈퍼를 찾는 어려움이 없어서 좋아요. 거리도 짧은 편이고, 길도 잘 되어 있는 코스예요. 언덕이 좀 있긴 하지만 피곤한 일은 따로 있었어요. '날개미의 땅'이기 때문이죠. 개미 조심하세요!

숙소

이용 요금 **5유로**
인터넷(Wifi) **사용 불가능**
주방 **사용 가능(식기가 냄비 하나뿐)**

슈퍼를 지나 조금 더 올라가면 사거리가 나와요. 사거리에서 오른쪽 길로 약간 걸어가면 알베르게가 있습니다.
알베르게 오른편의 계단을 따라 올라가면 도서관이 있어요. 오후 **4시**부터 **6시**까지 문을 열어요. 이곳에서 인터넷 이용이 가능합니다.

알베르게 표지판이에요.

 슈퍼

화살표를 따라 이동하다 보면 슈퍼가 나옵니다. 알베르게에 도착하기 전에 있어요.

슈퍼는 꼭 들르는 게
좋겠죠?

36

빌라르데바리오에서 순케이라데암비아
Vilar de Barrio to Xunqueira de Ambia

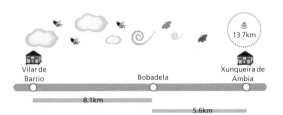

총
13.7km

Vilar de
Barrio

Bobadela

Xunqueira de
Ambia

8.1km

5.6km

이상합니다. 요즘 걷는 거리를 줄였는데, 몸이 피곤하군요. 따뜻하고 쾌적한 방에서 잠도 잘 잤는데 말이에요. 꼭 며칠째 새벽 세 시까지 술 마시고, 아침 일찍 출근한 몸 같네요. 감기라도 걸린 걸까요.

먹을 것도 별로 안 사서, 배낭에 든 것도 별로 없는데 오늘따라 배낭이 무겁군요. 그래도 마주치는 사람마다 반갑게 아침 인사를 해주어서, 기분 좋게 발걸음을 옮겼습니다.

등교 시간인지 학교 버스를 기다리는 꼬맹이들이 많이 보였어요. 애가 버스를 놓칠까 봐 따라나온 엄마, 아빠, 할머니, 할아버지들. 모두 이야기를 나누며 버스를 기다리고 있습니다. 길을 지나다 조그만 마을에 사람이 이렇게 모여 있는 걸 보긴 처음이에요. 마침 버스가 와서, 꼬마들이 버스에 오르는군요. 버스 기사가 절 보고 손을 흔듭니다.

'뭐?! 어서 타라고? 난 학교 예전에 졸업했다고.'

하긴 스페인어는 버스에 타고 있는 동네 꼬마들보다 못하니까, 여기서 유치원부터 다시 시작해야 할까요. 좌우간 학업은 뒤로 미루고, 우선 길을 걷습니다.

마을을 나와 얼마 안 되었을 때, 고요한 숲길에서였습니다.

'앗, 저건!'

지금까지 은의 길을 걸어오면서 처음으로 커다란 야생 동물을 봤어요. 여우를요!

전에 다른 순례자 분은 담비를 봤다고 하셨는데, 드물지만 야생 동물도 산책을 다니나 봐요. 너무 잽싸게 달려가서 자세히 보진 못했지만, 덕분에 신이 나서 걸음이 더 가벼워졌습니다.

코스 공략

초반 마을 두 곳Bóveda, Gomareote을 지나면, 왼쪽으로 꺾어서 농장과 들판을 감상하며 걷습니다. 계속 앞으로 진행하다 보면, 마을이 앞에 하나, 오른편에 하나 보여요. 제가 마지막으로 봤던 화살표는 직진하라고 알려주었죠. 하지만 오른쪽 마을로 가야 합니다. 덕분에 좀 헤매었어요. 오른쪽에 보이는 마을이 보바델라Bobadela고, 앞쪽의 마을은 바보 될라인가 봅니다.

보바델라 마을 중심부. 버스 정류장 앞 사거리에서야 화살표가 다시 모습을 드러내요. 화살표를 따라가면 순케이라데암비아에 도착하게 됩니다.

빨리빨리 걷다 보면 이런 꽃은 볼 수가 없어요. 천천히, 느긋하게…

숙소

이용 요금 **5유로**
인터넷(Wifi) **사용 불가능**
주방 **사용 가능**

마을에 들어가기 전에 알베르게 방향을 알리는 표지판이 있어요. 표지판을 따라가면 알베르게가 있습니다. 건물이 좀 멋지게 생겼어요.
알베르게에서 내리막길로 내려가면 왼편에 있는 주황 지붕 건물에서 오후 **5시부터 9시**까지 인터넷 사용이 가능합니다.

건물이 참 멋지게 생겼어요.

 슈퍼

알베르게에서 내리막길로 내려갑니다. **OU−0108**도로를 따라 계속 걸으면, 성당이 나와요. 건너편에 슈퍼가 하나 있습니다. 콜론Calle Colon길을 지나면 좀 더 큰 슈퍼가 있어요.

이게 슈퍼 간판이에요.

37

순케이라데암비아에서 오렌세
Xunqueira de Ambia to Ourense

총
23.0km

Xunqueira
de Ambia

Orense

몇 시에 나가기로 약속을 한 것도 아닐 텐데, 순례자들이 비슷한 시간에 길을 나섭니다. 그래서인지 길을 가다가 다른 순례자와 인사를 나눌 일이 많군요. 순례자들이 걷는 길에서 순례자를 만나는 것이 뭐 신기한가 하겠지만, 알베르게에서나 보는 날도 많거든요.

아침 이른 시간이라 추울 줄 알았는데, 날씨가 포근합니다. 봄이 오는가 봐요. 초반의 숲길에서 물을 왕창 밟았습니다. 며칠 간 햇빛이 그리 내리쬐었는데도 신발이 잠길 정도라니, 24시간 그늘로 유지되는 길인가 봐요. 뭐 좀 찝찝하지만 하도 물을 밟다 보니 적응이 좀 되네요.

오늘 따라 유난히 길에 클로버가 많습니다. 전 클로버가 보이면 혹시 네 잎 클로버라도 있나 살펴봐요. 하지만 살면서 네 잎 클로버를 직접 찾은 적은 한 번도 없었죠. 그런데! 오늘 네 잎 클로버를 찾았습니다.

'행운이 오려나?'

정말 길에서 행운을 만났어요. 지금까진 손바닥만 한 귀여운 도마뱀만 보였는데, 오늘은 팔뚝만 한 도마뱀을 봤거든요. 운이 좋은 날입니다.

또 한 번의 행운은 나비였어요. 배추흰나비도 아니고, 노란 나비도 아닌. 그 나비. 날개 끝 부분만 노랗게 칠한 듯. 신비스러운 나비를 보았습니다. 네 잎 클로버가 정말 행운을 가져다 주나 봐요.

그래서 복권도 샀습니다. 과연 당첨이 될까요?

화살표가 나올 때가 됐는데 안 보인다고요?
직진하세요. 쭈욱…

화살표가 잘 되어 있습니다. 혹시 화살표가 나올 때가 되어도 보이지 않는다면, 가던 길로 직진하면 돼요. 도로를 따라 걷는 일이 많으니, 쌩쌩 달리는 차를 조심하세요.

마을을 많이 지납니다. 슈퍼나 식당이 자주 보여서 좋죠. 오렌세에 도착할 때까지 안내가 잘 되어 있지만, 역시 큰 도시는 안내가 대충 되어 있습니다. 마을에 도착하면 시내 중심 쪽으로 큰길을 따라 계속 앞으로 가세요. 길바닥에 산티아고 안내 표시가 간혹 보이기도 해요. '횡단보도를 건너'라고 되어 있는 안내를 따라 횡단보도를 건너고, 계속 큰길을 따라 갑니다. 언덕을 올라가면 오른편에 비스포세사레오 광장이 있어요. 이곳에서 오른쪽으로 꺾어 광장을 지나 계속 올라가면, 알베르게가 나옵니다.

'응? 저 사람은 되게 빠르네?'
그 사람을 따라잡을 필요는 없어요.
우리는 경주하러 온 게 아니니까요.

숙소

이용 요금 **5유로**
인터넷(Wifi) **사용 가능**
주방 **사용 가능**

비스포세사레오Bispo Cesáreo광장에서 폰테베드라 Avenida Pontevedra길을 따라 올라갑니다. 갈림길에서 왼쪽 길로 갑니다. 오른쪽 길은 마요르 광장Plaza Mayor이에요. 가다 보면 산타우페미아 광장Plaza Santa Eufemia이 나와요. 이 광장에서 오른쪽으로 꺾어서, 오스트리아 길Rúa Juan de Austria을 따라 계속 올라갑니다. 계단이 나와도 올라가고, 계속 오르다 보면 큰 도로가 나와요. 길 건너편에 에스콜마 데 에스쿨투라Escolma de Escultura라는 표지판이 보여요. 그곳이 알베르게입니다.

이곳이 알베르게

 슈퍼

알베르게에서 나온 후 길을 따라 오른쪽으로 내려갑니다. 처음 나오는 횡단보도에서 건너서, 메르세데스 광장 쪽으로 언덕을 내려가요. 슈퍼마켓은 광장 오른쪽입니다.

메르세데스 광장 오른편에 슈퍼마켓이 있어요.

38
오렌세에서 세아
Ourense to Cea

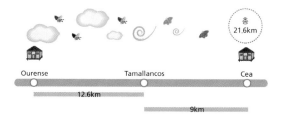

총
21.6km

Ourense   Tamallancos   Cea

12.6km

9km

아침부터 속이 좋지 않습니다. 전날 돼지고기를 볶아 먹은 게 탈이 났나 봐요. 진공 포장을 뜯었을 때, 돼지고기에서 홍어 삭힌 냄새가 좀 나는 게 미심쩍긴 했어요.

'이거 내가 삼합 좋아하는 건 어떻게 알고. 올인원이구먼.'

뼈에서 살을 잘 발라, 갖은 야채와 고춧가루를 넣고 볶아 맛있게 먹었죠. 먹을 때는 마냥 맛있었어요. 그런데 아침에 이렇게 탈이 나는군요.

밤에 덥다고, 이불을 안 덮고 자서 그럴지도 몰라요. 추워서 벌벌 떤지 얼마나 되었다고…. 날씨가 변덕입니다. 화장실을 몇 번 다녀오니 다리에 힘이 없습니다.

'뭐 그래도 코스가 짧으니까.'

하지만 평지와 언덕은 체감 거리가 다릅니다. 언덕을 오르는 게 영 힘들군요. 뱀 만난 개구리가 헐떡이듯 숨을 내쉬며 언덕을 오릅니다.

'일단 언덕을 다 오르고 쉬자.'

어휴. 길군요. 올라가도 올라가도 끝이 안 보여요. 결국 올라와서 좀 쉬었습니다. 이번엔 내리막길이군요.

숲길이라 벌레가 많은데, 벌이 제 이마에 박치기를 하고는 바닥으로 떨어집니다.

'어이쿠! 이놈이 벌 치네. 경찰 불러!'

빠르게 날아오다 부딪쳐서 정신을 못 차리는군요. 다행인 건 벌이 머리로 부딪쳐서, 벌침에 쏘이지 않았다는 거죠.

오늘따라 햇빛이 엄청 뜨거워요. 시계 찬 자리에 땀띠가 나려고 할 정도네요. 우선 그늘이 보이면 오 분이고 십 분이고 앉아 있습니다. 바싹 마른 이끼를 쿠션 삼아 앉기도 하고, 놀이터 그네에 앉아서 쉬기도 합니다.

이상합니다. 목적했던 마을이 안 나와요. 혹시 지나친 건 아닐까 싶어 지나가는 차를 붙잡고 물어보니, 좀 더 걸어야 한다는군요. 보통 알베르게에 도착하면 물이 좀 남아 있는 편인데, 오늘은 도착하기 한참 전에 물이 다 떨어졌어요. 숙소에 도착하니 모두 벌건 얼굴로 얘기합니다.

"어휴. 오늘은 정말 덥군, 더워. 정말 덥네."

네. 덥습니다. 목에 땀띠 났어요. 그리고, 코피도 났어요. 몸이 힘든가 봐요. 날이 너무 덥거나 추운 날은, 체감 거리가 늘어납니다.

코스 공략

알베르게에서 나와, 로마 다리를 향해 걸어갑니다. 로마 다리를 건너면 안내가 잘 되어 있어요. 기차역을 지나, 도로를 따라 계속 걸어갑니다. 다른 세계로 통할 듯한 터널을 지나면, 뜻밖의 지형이 나타납니다. 급경사가 나오죠. 한참 올라가야 해요. 숨이 찹니다. 경사를 올라가면 작은 마을이 나와요. 곳곳에 벤치가 있어 잠시 쉬어갈 수 있습니다.

이번엔 내리막길이 나옵니다. 내리막길을 따라 내려가고, 또 오르막길을 오르고…. 안내를 따라 계속 걷습니다. 시냇물 졸졸 흐르는 길도 나오고, 쭉쭉 뻗은 소나무가 늘어선 길도 나옵니다. 걷는 재미가 쏠쏠한 코스예요.

안내를 따라 계속 걸으면 카사스노바스Casas Novas 마을이 나와요. 전 그때 혹시 세아Cea를 지나친 건가 의심이 들었어요. 도착하고도 남을 시간이었거든요. 그렇지만 이 마을에서 좀 더 걸어야 합니다. 언덕길이 많아서 예상보다 시간은 좀 더 걸리지만, 안내가 잘 되어 있어 길 찾기는 수월한 코스입니다.

로마 다리를 건너면 안내가 잘 되어 있어요.

숙소

이용 요금 **5유로**
인터넷(Wifi) **사용 불가능**
주방 **사용 가능**

마을의 알베르게 안내표를 따라가면 삼거리가 나옵니다. 삼거리에서 왼쪽으로 꺾어 열 걸음 정도 걸으면, 왼쪽에 알베르게가 보여요.

이 안내표를 따라가면 삼거리가 나와요.

 슈퍼

알베르게에서 나와 오른쪽 언덕을 따라 쭉 올라갑니다. 약국이 있는 사거리를 지나서, 광장을 지나 좀 더 올라가면 슈퍼가 있어요.

광장에서 좀 더 올라가면 슈퍼예요.

아무런 말도 없지만 묵묵히 길을 알려주는 이정표.
이런 노란 화살표를 만나면 참 반갑습니다.
말이 안 통해도 겁낼 건 없어요.
꼭 말로만 소통을 하는 건 아니잖아요?

39

세아에서 카스트로도존
Cea to Castro Dozón

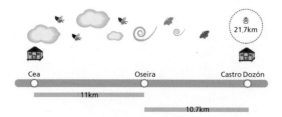

총
21.7km

Cea
Oseira
Castro Dozón

11km

10.7km

전날 워낙 더웠기 때문인지, 사람들이 새벽부터 서둘러 나갑니다. 제가 마지막이군요.

마을을 나가니 비수기의 휴양림에 온 것 같습니다. 나무와 저밖에 없어요. 마을을 몇 개 지나긴 하지만, 계속 숲길을 걷는 기분으로 걸었습니다. 노란 꽃, 그리고 분홍 꽃이 산 가득 피었어요. 봄 기운을 느낄 수 있어 좋네요. 하지만 그 꽃이 길을 막고 있으면 힘듭니다. 멀리서 볼 땐 아름다운 꽃이지만, 잎이 뾰족하거든요. '아따거따거 나무'보다 더 따가워요.

마을을 지나다 개를 워낙 자주 만나서 이젠 개를 만나도 별 긴장을 안 합니다.

'어, 개! 왔어?'

짖던 말건 안부를 묻고 지나가죠. 그런데 오늘은 개 때문에 두 번이나 심장 박동이 빨라졌습니다. 사나운 개가 쇠사슬에 묶인 채 절 향해 짖어 대고, 한 개는 햇빛을 피해 누워서 절 물끄러미 바라보고 있습니다.

'난 널 물 생각이 없어. 그냥 더울 뿐이야.'

착한 눈빛으로 절 바라보고 있었어요. 전 안심하고 길을 걸어갔습니다. 그런데. 그 누워 있던 녀석이 치명적인 일격을 준비하고 있었어요. 제가 긴장을 푼 그 순간을 노리고 저에게 달려들었습니다. 혹시나 해서 산 루에고의 지팡이를 뒤쪽으로 향하고 걷지 않았다면, 분명 물렸을 거예요.

또 한 번은 길에서 작은 개 두 마리가 제 주변을 정신없이 돌며, 신경을 분산시켰습니다.

'뭐야, 얘들 왜 이렇게 정신없어. 더위 먹었나?'

그리고 코너를 도는 순간 그를 만났습니다. 곰도 물어 죽일 듯 늠름한 그는, 크게 짖지도 않았어요.

'인간. 너에게 낯선 냄새가 난다. 누구냐, 넌.'

잠시 저를 노려보고는 이빨로 위협을 하는군요. 아니, 무슨 저런 큰 개가 목줄도 없이 돌아다니는 걸까요. 양 키우는 목장도 아니고, 포장된 도로를요. 그래도 제가 3밀리미터 정도 더 커서 그런지, 섣불리 공격을 하진 않더라고요. 전 무엇이 들었는지 미심쩍은 커다란 배낭을 메고, '산 루에고의 지팡이'도 들고 있었으니까요. 대치 상태를 유지한 채, 그의 사정 거리에서 벗어났습니다.

저는 개보다 고양이가 좋아요. 고양이는 필요하다면 누구와도 친구가 되지만, 개는 주인과 주인의 친구가 아니라면 몽땅 적으로 보니까요. 이 동네의 개들은 특히 더 그래요. 고양이어 사전엔 주인이란 단어가 없는데, 개에겐 그 단어가 아주 중요하거든요.

 코스 공략

세아Cea의 화살표를 따라 가다 보면, 시계탑이 나옵니다. 길은 많은데 안내는 안 보여요. 사각형 시계탑 중심으로 네 방향의 길이 있습니다. 하나는 지나온 길이고, 하나는 오른쪽으로 가는 길, 하나는 시계탑을 지나쳐 왼쪽으로 내려가는 길, 마지막 하나는 시계탑을 지나쳐 오른편으로 직진하는 길이죠. 우체국이 있는 길이에요. 이 길을

이곳에서는 노란 화살표를 따라가면 돼요.

따라 언덕을 오르면, 갈림길이 나옵니다. 저는 오세이라Oseira 방향
으로 갔어요.

　　오세이라엔 듬직하게 생긴 수도원이 서 있습니다. 수도원을 지
나 화살표를 따라 언덕을 오르면, 산마르티뇨San Martiño 마을 간판이
보여요. 이 마을로 들어가면 길을 잘못 든 거예요. 마을로 들어가기
전에 오른쪽으로 올라가는 길이 있습니다. 파란 화살표가 가리키는
방향으로 도로를 따라 언덕을 올라가요. 언덕을 올라가면 왼쪽 숲길
로 들어가는 안내 화살표가 그려져 있어요. 그 이후로는 안내가 잘
되어 있습니다.

　　가다가 노란 화살표와 파란 화살표가 반대 방향으로 되어 있는
곳이 있는데, 이곳에서는 노란 화살표를 따라가면 돼요. N-525도
로가 나온 이후로는 도로를 따라 쭉 걸으면 됩니다. 카스트로도존에
도착할 쯤엔, 맨홀 뚜껑이 열린 곳이 간혹 보이니 주의하세요.

숙소

이용 요금 **5유로**
인터넷(Wifi) **사용 불가능**
주방 **사용 가능**

N-525도로를 따라 계속 걷습니다. 카
미노 진행 방향 표지판을 지나 언덕을
올라가면, 왼쪽에 주황색 지붕 집이 보여
요. 그 집을 지나치면, 왼쪽에 알베르게
가 보입니다.

어쩐지 대충 지은 듯한 간이 건물이지만,
멀리서 보면 그럴싸해요. 컨테이너 박스
같은 내부 공간이지만, 시설이 잘 갖춰져
있습니다. 다만 담요는 없어요.

주황색 지붕 집을 지나가면
알베르게가 나와요.

 슈퍼

알베르게 가는 길에 있습니다. 사거리에서 오른쪽에 안톤 식당이 보이는데, 식당 뒤쪽으로
돌아가면 있어요.

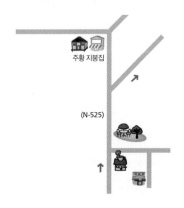

사거리 오른쪽의 안톤 식당

앙상한 나무와 활짝 핀 꽃이 한데 어울려 있습니다.
그 자리에서 사계절을 보내는 그들에겐 특별할 게 없겠지만,
그 덕에 우리는 이런 멋진 풍경을 구경할 수 있죠.

이쪽에서 바람이 부나?
아니면 저쪽에서 부나.
동네에 이런 풍향계가 있다면,
하루 종일 바라봐도 질리지 않겠어요.

해가 질 무렵에 모두가 까만 옷을 입습니다.
나무도 까맣고, 돌도 까매서 마치 한 몸 같군요.
해가 지는 시간은 조화의 시간입니다.

40
카스트로도존에서 락세
Castro Dozón to Laxe

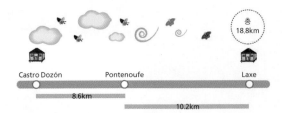

총
18.8km

Castro Dozón   Pontenoufe   Laxe

8.6km

10.2km

오늘은 날씨가 많이 흐립니다. 다른 순례자들이 입은 복장만 봐도 오늘 날씨를 알 수 있어요. 분명 전날은 반바지에 반팔로 걸었던 순례자들이, 오늘은 긴 바지에 외투까지 입고 출발하는군요. 외투를 껴입고 나왔지만 춥긴 춥습니다. 비도 한 방울씩 떨어지네요. 비가 오는 날은 확실히 춥습니다. 요새 며칠 간 이불 안 덮고도 잤는데, 갑자기 꽃샘추위가 온 것 같군요.

오늘은 거리가 짧은 대신, 길을 잃었습니다. 좀 편해 보려고 하면, 이런 이벤트가 생기더라고요. 이 정도 궂은 날씨는 난이도가 보통이니, 길이라도 좀 잃어 줘야 하죠. 도로를 달리는 트럭 두 대가, 힘내라고 경적을 울리고 가네요. 트럭 뒤에 실린 돼지들도 힘내라고 꿀꿀대며 냄새를 풍깁니다.

운이 좋은지 걷던 길에 사람을 만나 방향을 물어보았어요. 길을 잃었을 때 감에만 의지하면 한두 시간 정도 헤매는 건 우스운데 다행이죠, 뭐. 운이 좋으면 헤매지 않기도 하지만, 운은 운이니까요. 제대로 길을 찾아 걷기 시작했지만, 날씨가 추워서인지 흥이 나지 않습니다.

마을에 들어서자, 검둥개 세 마리는 절 포위하고 어떻게든 한 입 물어 보려고 애쓰네요. 호흡을 오랫동안 맞춰 왔는지 역할이 정해져 있습니다. 두 마리가 시선을 끌고, 한 마리가 조용히 뒤로 돌아가서 물 생각이네요. 한두 번 당한 것도 아니고 이놈들 수법 정도야 이제 우습죠. 날씨도 궂은데 개까지 귀찮게 구니까 짜증이 나네요.

"형이 그동안 웃으며 대했는데, 오늘은 형 기분이 별로니까 덤비면 혼나."

이 녀석들이 한국어를 좀 아는지, 꼬리를 마는군요. 눈치가 있는 녀석들입니다. 개들이 물러서고 나자 거짓말처럼 하늘이 맑아지기 시작합니다. 그 검둥개 세 마리가 어둠의 자식들이었나봐요. 환한 하늘에 기분 역시 밝아져서 웃으며 걷습니다.

흐릴 때 풀이 죽어 보이던 나무도 기지개를 피듯 녹색 잎을 한껏 펼치네요. 풍경은 날씨 영향을 많이 받습니다.

코스 공략

처음에 알베르게에서 나와, 카미노 안내 표지를 따라갑니다. 혹은 알베르게 앞의 N-525도로를 따라 직진해도 돼요. 카미노 안내를 따라가도 성당을 지나, N-525도로로 나오거든요.

이곳에서 갈림길이 나옵니다. 파란 화살표, 노란 화살표, 형광 화살표죠. 이거 뭐 '파란 휴지 줄까, 빨간 휴지 줄까…'도 아니고…. 카미노 안내 표시인 노란 화살표는 N-525도로를 따라가는 길이기에, 형광 노랑을 따라갔어요. 형광 화살표를 따라가면 어차피 N-525로 돌아와야 하고, 중간에 화살표도 끊기기 때문에 N-525도로로 따라가는 것이 좋습니다. 혹 도로가 싫어 형광 화살표를 따라오셨다면, AG-53도로 옆 흙길을 따라 걷습니다. 계속 진행하면 표시가 끊기고 사거리가 나와요. 왼쪽은 숲길, 오른쪽은 도로 밑을 통하는 터널이죠. 그 사거리에서 그대로 직진합니다. 그러면 계속 AG-53도로 옆으로 길이 나 있죠. 걷다 보면 다시 사거리예요. 왼쪽은 작은 마을. 오른쪽은 도로 밑 터널이죠. 터널을 통해 걸어 올라갑니다. 올라가면 포장된 도로가 나와요. 왼쪽은 내리막. 오른쪽은 오르막이에요. 오른쪽 길로 조금 걸으면 작은 마을이 나옵니다. 알론소alonso 식당이 보이고 그 앞은 N−525도로예요. 식당 앞 N−525를 따라 걸으면 카미노 이정표가 나옵니다. 그 이후로는 안내가 잘 되어 있어요.

길을 따르다가, 파란 다리를 건너면 여러 색의 화살표를 만날 수 있습니다. 파란색, 분홍색, 형광 노랑, 하얀색, 노란색 화살표죠. 노란색 화살표를 따라 AG−53도로를 조금 걷다가, 왼쪽의 숲길로 꺾습니다. 왼쪽으로 꺾는 화살표가 낡아서 잘 안 보이니까 자세히 보셔야 해요.

라린Lalin 마을을 지나 안내를 따라가면, 목적지인 락세Laxe에 도착합니다.

알론소 식당 앞은 N−525
도로예요.

숙소

이용 요금 **5유로**
인터넷(Wifi) **사용 불가능**
주방 **사용 가능**

카미노 안내를 따라가면 알베르게가 나타납니다. 알베르게 규모가 엄청 커요.

알베르게가 참 커요. 자판기도 있고…

 슈퍼

슈퍼가 없습니다. 그래도 알베르게 안의 자판기에서 간단한 군것질거리는 팔아요. 카미노
진행 방향으로 좀 걸어가면 식당이 있고, 무선 인터넷도 가능합니다.

이 풍경을 물감으로 그려 방에 걸을 순 있어도
맑은 하늘의 감동은 문밖으로 나가야 느껴집니다.

41
락세에서 메델로
Laxe to Medelo

Laxe   총 18.2km   Medelo

하늘에 구름이 가득합니다. 비가 오려는 걸까요? 바람도 차가워서 겉옷을 꺼내 입었습니다. 월요일 아침이라 그런지 차들이 유난히 많군요.

시끄러운 도로를 벗어나 숲길로 들어서니, 마음이 편안해집니다. 나무가 많아서 휴양림을 걷는 기분이에요. 낙엽을 사박사박 밟으며 거닐다가 문득 궁금해졌습니다.

'이 낙엽은 도대체 누가 흘린 낙엽이지?'

주위의 나무는 모두 푸른 잎이 무성했거든요. 참 신비한 숲입니다.

'혹시 이게 판타지에 나오는⋯. 사람 잡아먹고 젊음을 유지하는 그 나무인가?'

갑자기 좀 춥군요. 옷깃을 여미며 나무와 좀 떨어져 걸었습니다. 길고 긴 숲길을 지나니 마을이 나오네요. 꽤 큰 마을이고 알베르게도 길가에 있었지만, 아직 좀 더 걷고 싶군요. 작은 마을을 몇 개 더 지나니 알베르게를 알리는 표지판이 보였어요. 안내 표시를 따라가다가 좀 쉬고 있는데, 지나가던 차가 제 앞에 멈추어 섭니다.

"어디 가나? 설마 알베르게에 가는 건 아니겠지?"

왜 아니겠습니까. 가서 쉬어야죠.

"거긴 여기서 3킬로미터는 더 가야 해."

어라. 지금 2킬로미터는 걸어왔는데, 앞으로 3킬로미터를 더 가야 한다고요?

"그리고 내가 최근에 그곳 문이 열린 걸 본 적이 없어. 어찌되었든 행운을 비네."

망했으면 안내 표지도 안 해 놨겠지 하는 생각으로 알베르게를 향해 걸었습니다. 평화로운 분위기의 길이었어요. 오후가 되니 날씨도 화창해져서 걷기 참 좋았죠.

'어, 저건? 분명 만화 영화에서 보던 그 나무야. 뭐더라, 천공의 성이던가?'

만화 영화에 나온 성처럼 멋진 나무도 보았어요.

기분 좋게 도착한 알베르게엔 인기척이 없습니다. 전화번호가 쓰여져 있지만, 공중전화는 고장이 나 있네요. 전화번호를 적어 들고 도로로 나갔습니다. 달려오는 차를 잡아 세우고, 전화를 빌려 썼어요.

'혹시 이 번호로 통화가 되지 않는다면…. 난 20킬로미터를 더 걸어야 하나?'

다행히 통화가 되어, 알베르게에 짐을 풀었죠. 운이 좋았어요.

코스 공략

식당 '마 호세' 옆길을 통해 락세에서 나갑니다. 화살표 안내가 잘 되어 있어요. 화살표를 따라가면 프라도Prado 마을에 도착합니다. 프라도 마을에서 잠깐 아스팔트를 밟다가, 숲길로 들어가요. 숲길을 지나는 중 조그만 마을을 하나 더 지나고, 시예다Silleda에 도착합니다. 시예다는 꽤 큰 마을이지만, 길 안내가 잘 되어 있어요. 화살표를 따라가면 알베르게도 하나 보입니다.

시예다를 지나서, 도로 옆길로 걸어요. 작은 마을을 몇 개 더 지

프라도 마을에서 잠깐 아스팔트를 걷다가 숲길로 들어갑니다.

납니다. 도로 공사중인 터널을 지나 좀 걸으면 마을이 보입니다. 앞쪽에 보이는 마을이 반데이라Bandeira이고, 알베르게 안내는 오른쪽으로 나 있습니다. 이 알베르게에 간다면, 카미노 진행방향을 좀 돌아가게 돼요. 하지만 자연 휴양림 분위기의 통나무 집에서 하룻밤 묵으니 좋더라고요.

　　멀리 돌아 가는 것이 싫다면, 반데이라의 호스텔이나 호텔을 이용하셔도 됩니다. 알베르게에서 묵어도, 어차피 다음날 반데이라를 지나가야 하거든요. 혹은 시예다에서 자고, 다음날 좀 더 걷는 것도 생각해 볼 만해요.

숙소

이용 요금 **5유로**
인터넷(Wifi) **사용 불가능**
주방 **사용 불가능**

'알베르게 3,2km'라는 표지판을 따라, 5킬로 정도
걸어가면 있습니다. 아무래도 3,2란 뜻은 3+2라는
뜻인가 봐요. 한적한 게 마음에 들어요.
알베르게 옆의 캠핑장엔 수영장도 있습니다. 여름엔
물놀이를 즐겨도 되겠어요. 숙소는 통나무 방갈로로
아담합니다. 자연 휴양림 산장 같은 분위기예요.

3,2km가 아니라 3+2km인가
봐요.

 슈퍼

슈퍼가 없습니다. 식당도 없어요. 여름철 성수기엔 캠프장 매점이 문을 열 것으로 보입니
다. 밥을 먹으려면 3킬로미터 떨어진 반데이라Bandeira 마을까지 가야 해요.

'어서 오세요!'
그림 속 아주머니가 반겨 주는 이곳이 알베르게라면 좋으련만,
숙소는 한참을 더 걸어야 나옵니다.

42

메델로에서 오우테이로
Medelo to Outeiro

Medelo

Outeiro

총
17.2km

통나무집은 운치가 있지만, 차가운 밤공기를 막아 주진 못합니다. 요즘 날씨가 많이 풀려 방심했다가 당했어요. 추위에 굳은 몸으로 배낭을 짊어지고 걷습니다. 얼마 걷지도 않았는데 피곤하네요. 역시 잠을 잘 자야 하나 봅니다.

하늘은 맑은데, 바람은 차갑습니다. 나무들로 가득한 숲길이라 그런 걸까요. 나무가 해를 가리고 있으니까요. 더울 때는 고맙고, 추울 땐 아쉽습니다. 하지만 숲의 향기는 언제나 신선합니다. 오늘은 솔잎 향이 진하게 나는군요. 송편 생각이 나네요. 아침이 부실했나 봅니다.

컨디션이 별로 안 좋아서인지 배낭이 유난히 무겁군요. 겸사겸사 배낭을 내려놓고 잠시 앉아 간식을 먹습니다. 날이 따뜻하면 그늘에 앉아 느긋하게 쉬다 가는데, 추워서 오래는 못 쉬겠군요.

마을을 몇 개 지나고, 오후가 되니 좀 따뜻해집니다. 산티아고 가는 길에 있는 마지막 알베르게. 아직 아무도 도착하지 않아 조용한 알베르게에 짐을 풀었습니다.

'오늘은 다행히 별다른 이벤트가 없는 길이었구나. 무난한 게 좋은 거지.'

알베르게엔 버튼이 하나뿐인 샤워기가 달려 있습니다. 찬물이나 뜨거운 물을 틀 수 있는 샤워기가 아니에요. 처음엔 좀 낯설었지만, 몇 번 봐 왔기에 익숙해졌죠. 버튼을 누르면 먼저 찬물이 나오고, 천천히 따뜻해집니다. 물이 차갑지만 우선 몸에 물을 묻혀 비누칠을 했어요. 일단 비누칠을 하고. 따뜻한 물로 헹구려고요. 버튼을 누르니 물이 나옵니다.

"으악!!!!!"

이럴 땐 어떻게 해야 될까요. 이건 커피 탈 때나 쓰는 물의 온도입니다. 채소를 데치는 그런 뜨거운 물이라고요! 전신에 화상 입을 뻔했어요. 발과 손에 물이 먼저 닿아서 다행이지, 하마터면 얼굴 가죽 벗겨질 뻔했군요.

'몸엔 비누가, 머리엔 샴푸가, 얼굴에 폼 클렌징까지…. 물로 씻긴 씻어야 하는데.'

보이는 샤워기마다 버튼을 눌러 댔습니다. 뜨거운 물이 무한정 나오진 않을 거란 생각에서였죠. 다행히 예상이 들어맞아서 무사히 샤워를 마치고 나올 수 있었습니다. 별 이벤트가 없는 길이라고 알베르게에서 특별 이벤트로 준비했나 봐요.

빨래를 해서 널고 들어오니, 다른 순례자들이 하나 둘씩 도착합니다. 짐을 풀고 씻으러 들어간 순례자들의 비명이 들리는군요. 좀 전에 제가 하고 있던 꼴을 생각하니 웃음이 나옵니다. 지나가면 그저 웃지요.

 코스 공략

메델로 알베르게에서 나와 도로를 따라 올라갑니다. 도로에 '반데이라Bandeira 왼쪽'이란 표시가 되어 있어요. 그 도로가 끝날 때까지 따라가면 삼거리예요. 오른쪽으로 꺾어 조금 걸으면 산티아고 안내 표시가 있습니다. 그 이후로는 안내를 따라가면 돼요. 마을이 몇 개 나

여기서 왼쪽으로 가면 대략 낭패. 오른쪽으로 가야 해요.

오지만, 대체로 숲길이 많습니다. 나무 구경 실컷 했어요.

폰테우야Ponte Ulla 마을에선 N–525도로로 올라갑니다. 전 왼쪽으로 나 있는 화살표를 따라가다가 엉뚱한 곳으로 갈 뻔했어요. 왼쪽 길로 화살표를 따라가면 노란 화살표가 끊기고, 빨간 화살표가 엉뚱한 곳으로 나 있거든요. 무시하고 언덕을 올라 N–525도로로 가면 카미노 안내가 보입니다. 그 이후론 지나칠 만큼 안내가 잘 되어 있어요.

안내를 따라 이동하다 보면 마지막 공립 알베르게가 있는 오우테이로입니다.

숙소

이용 요금 **5유로**
인터넷(Wifi) **사용 불가능**
주방 **사용 가능**

마을에 들어서면 알베르게 안내가 있습니다. 산티아고 진행 방향과 같은 방향이에요. 계속 진행하다 보면 오른편에 알베르게가 보입니다. 넓고 쾌적해요. 다만 샤워할 때 뜨거운 물이 너무 뜨거우니 화상 조심하세요.

넓고 쾌적한 알베르게

 슈퍼

슈퍼가 없습니다. 식당은 **1km** 걸어가면 있어요.

고양이가 제 눈을 빤히 쳐다보며 말을 건넵니다.
'음. 관상을 보니 좀 걷겠구만. 그래도 목적지에 거의 다 왔네.'
가진 생선이 없어서 복채는 생략했어요.

43
오우테이로에서 산티아고데콤포스텔라
Outeiro to Santiago de Compostela

총
17.0km

Outeiro

Santiago de
Compostela

알베르게를 떠나는 순례자들의 표정이 무척 밝습니다. 곧 산티아고에 도착해서일까요? 저도 덩달아 기분이 좋습니다.

어제와 비슷한 숲길이 이어집니다. 같은 종류의 나무들이지만 분위기가 다르네요. 어제는 환영하는 모습이었고, 오늘은 배웅하는 모습입니다. 물론 제 기분 탓이겠지요.

마지막 날이라고 생각하니 괜히 몸이 쑤십니다. 평소보다 더 많이 쉬게 되고, 왠지 발걸음이 무겁습니다. 마지막 길이라 마음은 신이 났는데, 몸은 계속 걷고 싶은가 봅니다.

익숙한 분위기의 시골 동네를 지나, 산티아고 근처에 왔습니다. 큰 도시라 확실히 분위기가 다릅니다. 낯선 이를 경계하고, 사람들은 도시 얼굴로 지나다닙니다.

'아. 나는 도시에 도착했구나.'

마지막 목적지인 산티아고에 도착했다는 기쁨보다는, 도시 사람들의 분위기가 먼저 느껴집니다.

"안녕하세요."라고 인사를 했을 때. 시골 길에서 만난 사람들은 이렇게 답합니다.

"안녕하세요! 참 좋은 아침이에요! 아름다운 오후예요! 어쨌든지 좋아요!"

그러나 이곳 산티아고 근처에 도착하니 분위기가 다릅니다. 우선 한 걸음 물러서고, 머리부터 발끝까지 한번 훑어봅니다. '넌 뭐야?'라는 표정으로요.

"여기가 산티아고데콤포스텔라인가요?"

강도처럼 보이진 않았는지 그제서야 어색한 미소를 지으며 답합니다.

"조금 더 올라가면 돼요."

도시 분위기를 맘껏 느끼며 산티아고 대성당에 도착했습니다. 여러 경로를 통해 이곳에 온 순례자들이 웃고 떠들고 드러눕고 사진 찍고 있습니다. 이곳에 도착하니 반가운 얼굴이 눈에 띄었어요. 처음 세비야에서 함께 길을 걷기 시작했던 스위스 순례자였죠.

"어이쿠, 오랜만입니다. 잘 지내셨어요."

수다를 떨다 보니, 반가운 얼굴이 한 명 더 나타납니다. 오스트리아 순례자군요. 루트 초반에 같이 밥도 먹고, 딱 이렇게 셋이서만 같은 숙소에서 묵었던 적도 있습니다. 인연이 닿는 사람들은 이렇게 한 번 더 만나게 되는군요. 반가움의 수다를 떨고 각자의 길을 갑니다.

다시 만날 사람들이라면 어느 길에선가 또 마주치겠죠?

 코스 공략

종착지가 얼마 남지 않아서인지 안내가 참 잘 되어 있습니다. 화살표만 따라가면 어느새 산티아고 근처에 도착해요. 근처에 도착하면 울퉁불퉁한 돌바닥을 따라 내려가는 표시를 끝으로, 화살표를 찾을 수 없습니다. 사르 길Rúa de Sar을 따라 계속 올라가시면 돼요. 오르막 길이 끝나면 갈림길이 나옵니다. 하여간 대성당은 한시 방향에 있으니, 방향을 잡고 걸으면 됩니다. 저는 오른쪽의 마사렐로스 광장 Plaza de Mazarelos을 거쳐 걸었어요.

화살표가 끊겼다면 사르 길을 올라가요.

중간중간 지도가 잘 나와 있으니 참고하셔서 대성당으로 가시면 됩니다. 여행 안내소에서는 지도를 무료로 나눠주니, 들러서 받아 가면 좋아요. 드디어, 우리는 산티아고에 도착했습니다.

 숙소

이용 요금 **12유로**
인터넷(Wifi) **사용 가능**
주방 **사용 가능**
숙소가 참 많습니다. 제가 묵은 숙소를 알려드릴게요.
우선 대성당에 도착해서 감동의 시간을 좀 가지세요. 일광욕도 하고, 그동안 만났던 사람들과 악수도 하고, "고생했네. 앞으론 코는 좀 골지 말게나." 등의 정감 있는 대화도 나누고 숙소를 찾아갑니다.

오브라도이로 광장Plaza do Obradoiro에서 대성
당을 등지고 서면, 정면으로 나가는 길이 하나뿐
입니다. 오른편에 있는 다스오르타스 길Rúa das
Hortas인데요. 그 길을 따라가면, 캄포다스오르타
스Campo das Hortas에 도착합니다. 이곳에 루츠 앤
부츠Roots and Boots 알베르게의 안내가 보여요. 안
내를 따라 크루세이로도가이오Cruceiro do Gaio길
로 올라가면 7번이 알베르게입니다.

숙소 많습니다.
큰 도시니까요.

 슈퍼

슈퍼 많습니다. 큰 동네니까요.

토우랄 광장Plaza do toural에도 한 곳 있고, 다스갈
레라스 길Rúa dos galeras에도 하나 있어요.

슈퍼도 많아요.

빨간 옷을 입은 숙녀 분들이 산티아고에서 저를 맞아 줍니다.
올라! 산티아고에 잘 왔소!

천 킬로미터는 정말
까마득한 거리구나

1000km.

얼마나 되는 거리인지, 실감이 나지 않았습니다. 첫날 20킬로 미터가 조금 넘게 걷고 난 후 느꼈죠.

'천 킬로미터는 정말 까마득한 거리구나.'

비행기로는 한 시간이면 되고, 자동차로는 하루 종일 달리면 닿는 거리. 저는 44일을 걸어서 목적지에 도착했습니다.

자유를 위해 투쟁한 이상주의자 체게바라의 말이 문득 생각나는군요.

"El fin justifica los medios(목적이 수단을 정당하게 한다)."

혁명이 목적이라면 충분히 공감가는 말이지만, 인생의 여러 목적에 모두 적용하긴 어렵습니다. 삶을 살아가는 데는 수단 또한 중요하니까요.

여행은 목적지에 도착하기까지 그 과정이 특히 소중합니다. 비행기를 타고 스페인 하늘 위를 날아간다고 생각해 보세요. 구름 아래로 잘 익은 열매 같은 노란 대지가 보입니다.

"오! 멋지군! 스페인은 아름다운 나라야."

그러나 그 아름다운 길을 따라 걷는다면, 때로는 똥을 밟기도 합니다. 멀리서는 보이지 않았던 다양한 모습을 경험하게 되죠. 하늘에서는 스페인의 향기가 나지 않지만, 걸어서 여행을 한다면, 바람을 타고 나뭇잎 향기가 콧속으로 스며듭니다. 아기 양이 엄마를 찾는 소리도 듣게 되고, 바위에 걸터앉아 쉴 때면, 바짝 마른 이끼의 푹신함도 느껴집니다. 창문으로 보는 것과는 아주 딴 세상이에요.

어릴 적 학교에선 이런 걸 배웠습니다.

'영희는 십 분에 400미터를 걷고, 철수는 이십 분에 1킬로미터를 걷습니다. 그들은 몇 시간 후에 목적지에 도착할까요?'

저는 '언제'보다 '어디에' 도착하는지가 더 중요하다고 생각합니다. 어떤 이는 하루에 10킬로미터를 걷는 게 벅차고, 누구는 50킬로미터쯤은 거뜬히 갑니다. 하지만 목적지가 같다면, 우리는 결국 같은 곳에서 만나게 되겠죠?

길을 잃어 한참을 돌아가기도 하고, 짙은 안개에 기약 없이 헤매기도 하지만, 목적지를 향해 간다면 결국 도착합니다.

그리고 길을 걷는 동안, 머리로만 알던 이 사실을 온몸으로 느낍니다.